Das Mathebuch 1 Forderheft

Erarbeitet von:

Cathrin Höfling
Ulrike Hufschmidt
Myriam Kolbe
Julia Michalke
Dr. Sebastian Walter

Mildenberger

Ziffer 1

1. Schreibe.

1 1 1 1

1

1

2. Male oder klebe 1.

3: Kreise ein.

0

1

2

2

3

1

1 Schreiben
2 Passende Bilder zur Ziffer 1 malen oder kleben
3 Richtige Zahlen einkreisen

1. Schreibe.

	2		2		2
	2				

2. Male oder klebe 2.

3: Kreise ein.

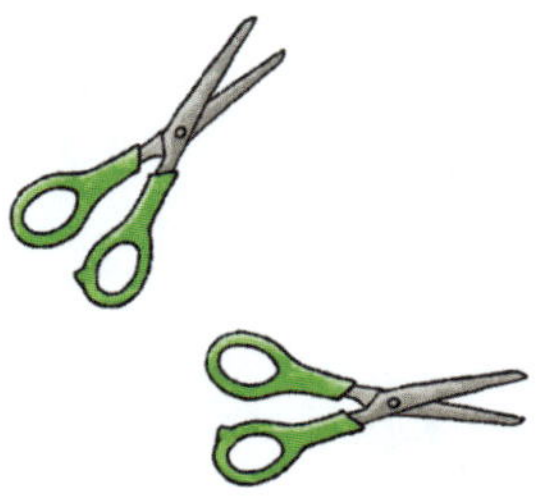

2

4

3

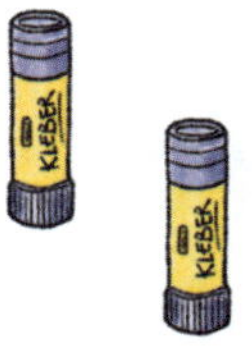

3

4

2

1 Schreiben
2 Passende Bilder zur Ziffer 2 malen oder kleben
3 Richtige Zahlen einkreisen

1. Schreibe.

3 3 3

3

2. Male oder klebe 3.

3: Kreise ein.

3

4

5

2

6

4

1 Schreiben
2 Passende Bilder zur Ziffer 3 malen oder kleben
3 Richtige Zahlen einkreisen

Ziffer 4

1. Schreibe.

4 4 4

4

2. Male oder klebe 4.

3: Kreise ein.

5

4

3

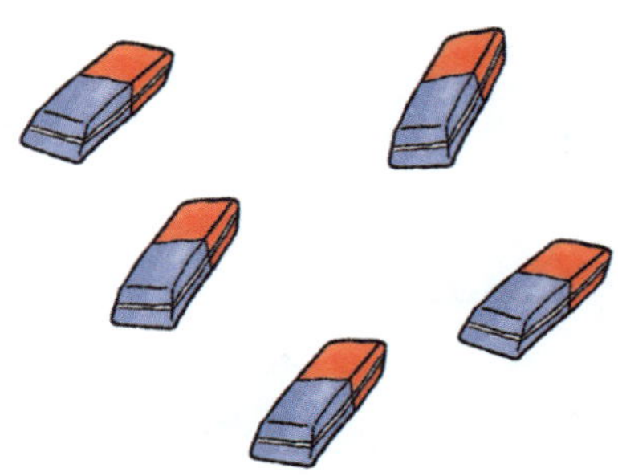

4

5

6

1 Schreiben
2 Passende Bilder zur Ziffer 4 malen oder kleben
3 Richtige Zahlen einkreisen

1. Schreibe.

5 5 5

5

2. Male oder klebe 5.

3: Kreise ein.

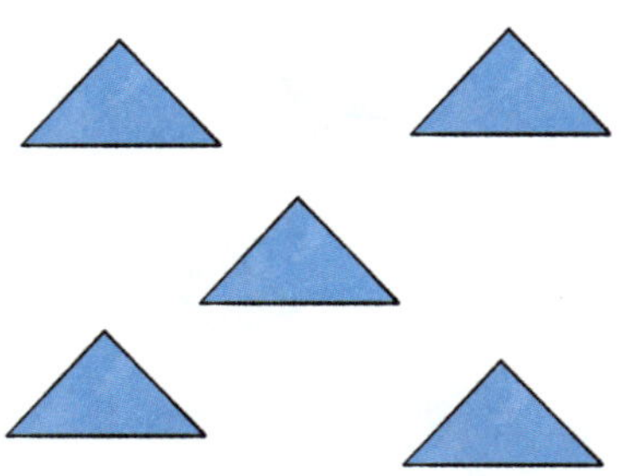

6

7

5

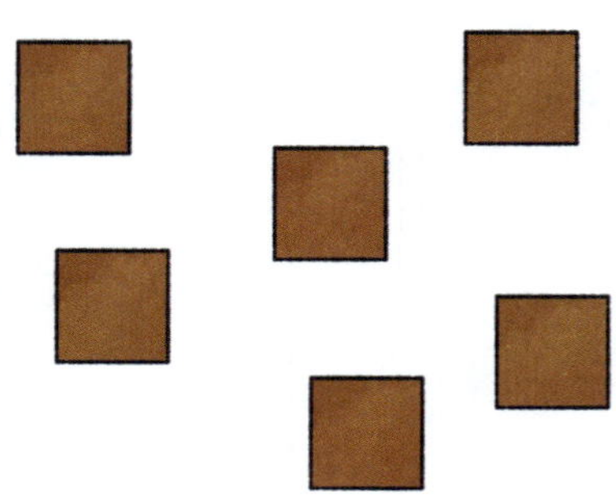

4

6

5

1 Schreiben
2 Passende Bilder zur Ziffer 5 malen oder kleben
3 Richtige Zahlen einkreisen

1. Schreibe.

6 6 6

6

2. Male oder klebe 6.

3: Kreise ein.

7

8

6

5

6

7

1 Schreiben
2 Passende Bilder zur Ziffer 6 malen oder kleben
3 Richtige Zahlen einkreisen

1. Schreibe.

7 7 7

7

2. Male oder klebe 7.

3: Kreise ein.

6

8

7

5

8

6

1 Schreiben
2 Passende Bilder zur Ziffer 7 malen oder kleben
3 Richtige Zahlen einkreisen

1. Schreibe.

8 8 8

8

2. Male oder klebe 8.

3. Kreise ein.

8
9
10

7
6
8

1 Schreiben
2 Passende Bilder zur Ziffer 8 malen oder kleben
3 Richtige Zahlen einkreisen

1. Schreibe.

9 9 9

9

2. Male oder klebe 9.

3: Kreise ein.

10

9

8

8

9

10

1 Schreiben
2 Passende Bilder zur Ziffer 9 malen oder kleben
3 Richtige Zahlen einkreisen

Ziffer 0

1. Schreibe.

0 0 0

0

2. Male oder klebe 0.

3: Kreise ein.

2

0

1

0

1

4

1 Schreiben
2 Passende Bilder zur Ziffer 0 malen oder kleben
3 Richtige Zahlen einkreisen

1: Zähle und trage ein.

2: Lege ein eigenes Bild. Male in das Gitterfeld und erstelle eine Liste.

1 Ggf. Geoplättchen verwenden; bei Strichlisten Fünferbündelung berücksichtigen
2 Mit Geoplättchen ein eigenes Bild auf dem Tisch legen

1. Zähle und trage ein.

1 Bei Strichlisten Fünferbündelung berücksichtigen;
Strichlisten für alle abgebildeten Tierarten/Menschen anfertigen

1. Zähle und male.

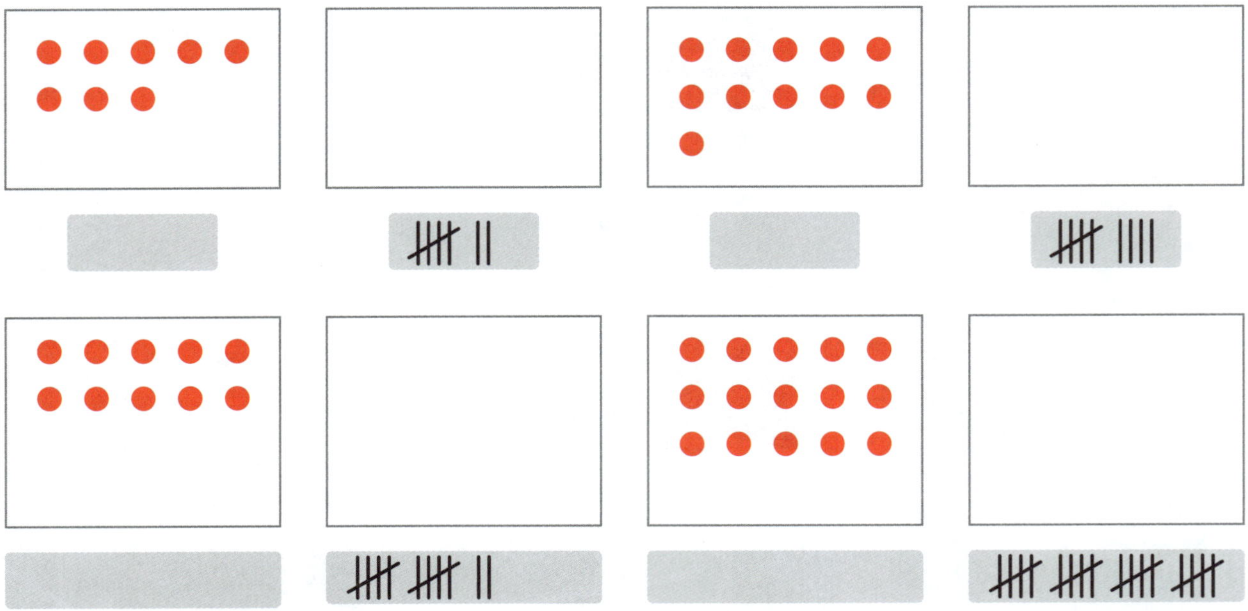

2: Zähle und trage ein.

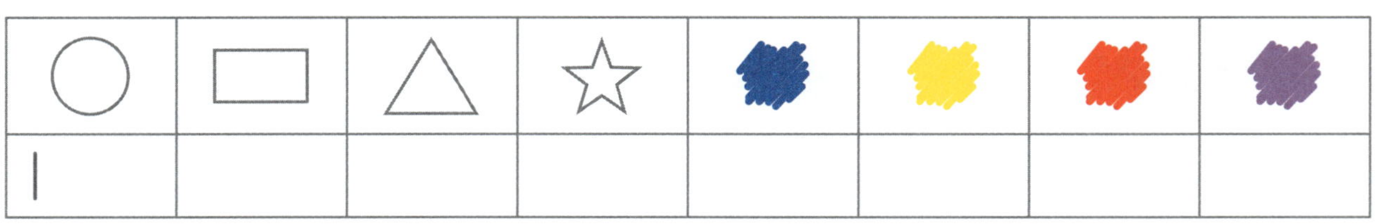

1, 2 Bei Strichlisten Fünferbündelung berücksichtigen

1 Zähle und trage ein.

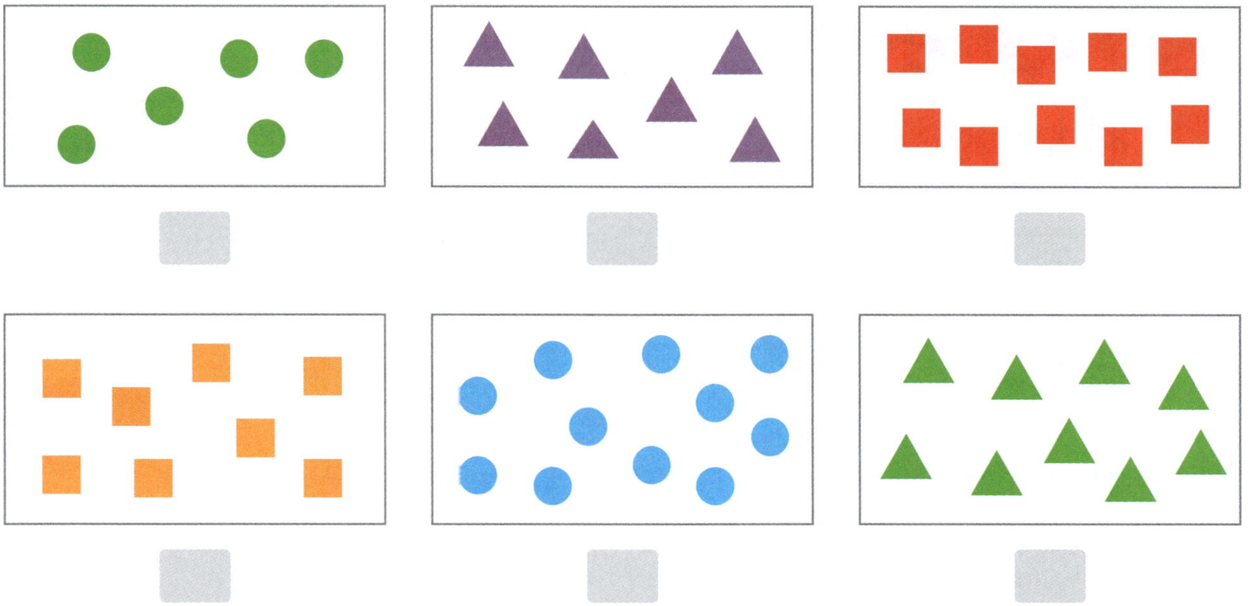

2 Schreibe passende Zahlen zu den Würfelbildern.

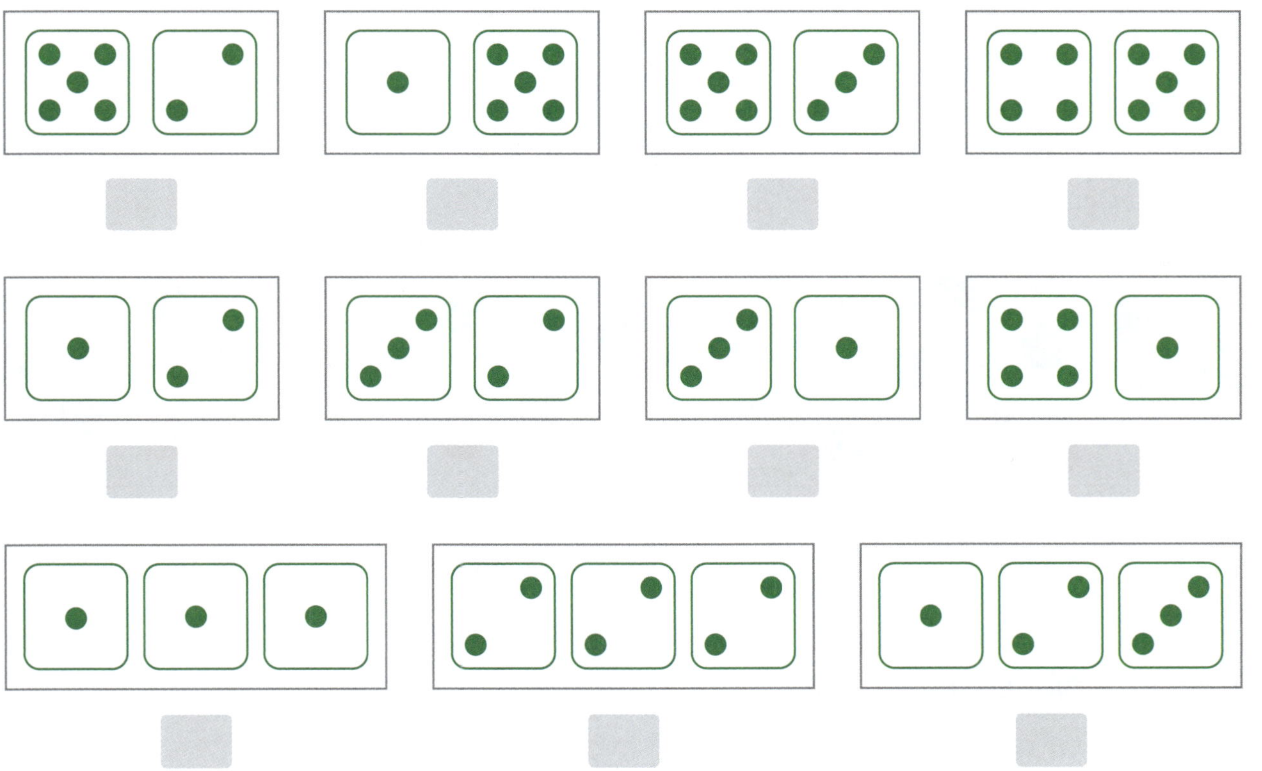

3 Male passende Würfelbilder zu den Zahlen.

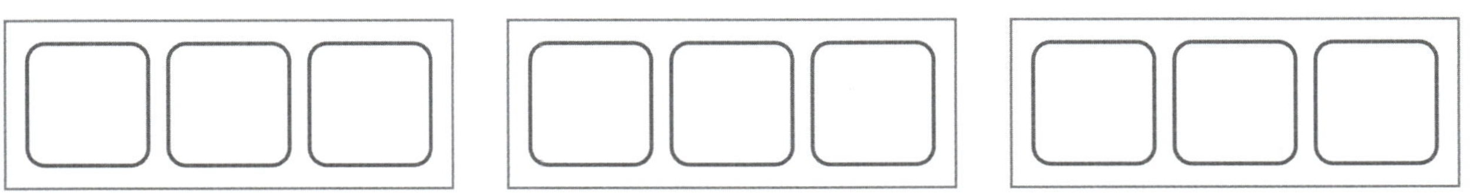

5 5 10

1 Anzahlen im Zahlenraum bis 20 zählen
3 Mehrere Lösungen sind möglich

1 Welche Strichlisten könnten es sein? Kreuze an.

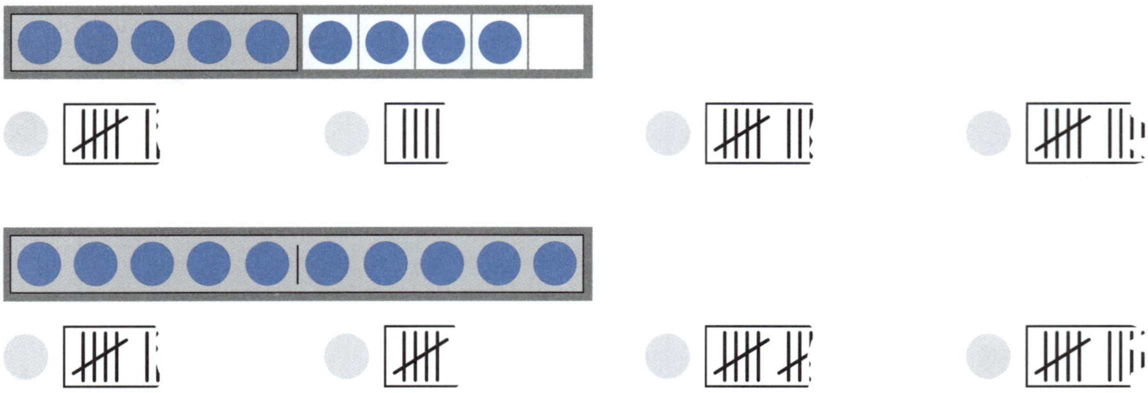

2 Bei welchen Zahlen hilft beim Legen der Fünferstreifen? Kreuze an.

0	4	6	8
3	7	2	9
10	1	11	12
15	5	20	13

3 Wovon gibt es mehr? Zähle und trage ein. Kreuze an.

4 Wovon gibt es mehr? Kreuze an und male.

1 Bei Strichlisten Fünferbündelung berücksichtigen; mehrere Lösungen sind möglich
3 Bei Strichlisten Fünferbündelung berücksichtigen

1 Finde eine passende Zahl.

8 < ☐	4 > ☐	3 < ☐	☐ > 2	5 < ☐
7 < ☐	4 > ☐	3 = ☐	☐ = 8	☐ > 7
6 < ☐	4 > ☐	3 > ☐	☐ < 5	☐ > 8

2 Male alle passenden Zahlen an.

5	>	6	5	4	3
2	<	9	2	1	7
3	>	0	2	5	3
6	<	8	2	5	9

4	>	2	8	5	6
1	=	0	9	1	2
9	<	10	5	0	4
7	>	9	7	3	6

3 Finde passende Zahlen. Trage ein.

? > 2

3 4

? < 7

4 Welche Zahl ist es?

★ > 4	★ < 6
★ > 3	★ < 8
★ > 2	★ < 7
	★ = ☐

♥ < 9	♥ > 5
♥ < 10	♥ > 6
♥ > 7	♥ > 3
	♥ = ☐

1 Zum Teil sind mehrere Lösungen möglich
3 Mehrere Lösungen sind möglich

1: Male dazu oder streiche weg. Setze fort.

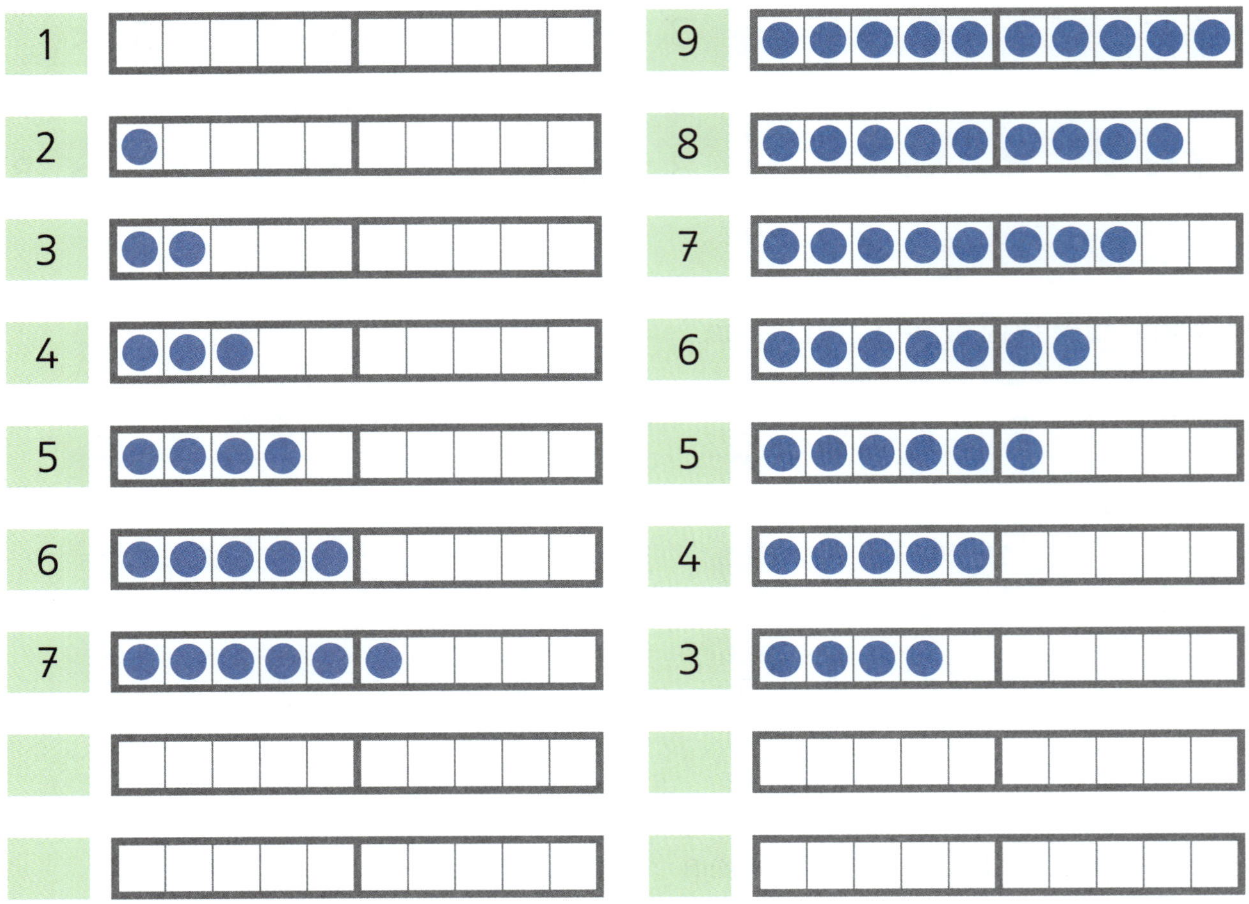

2: Male an. Was ist links, was ist rechts?

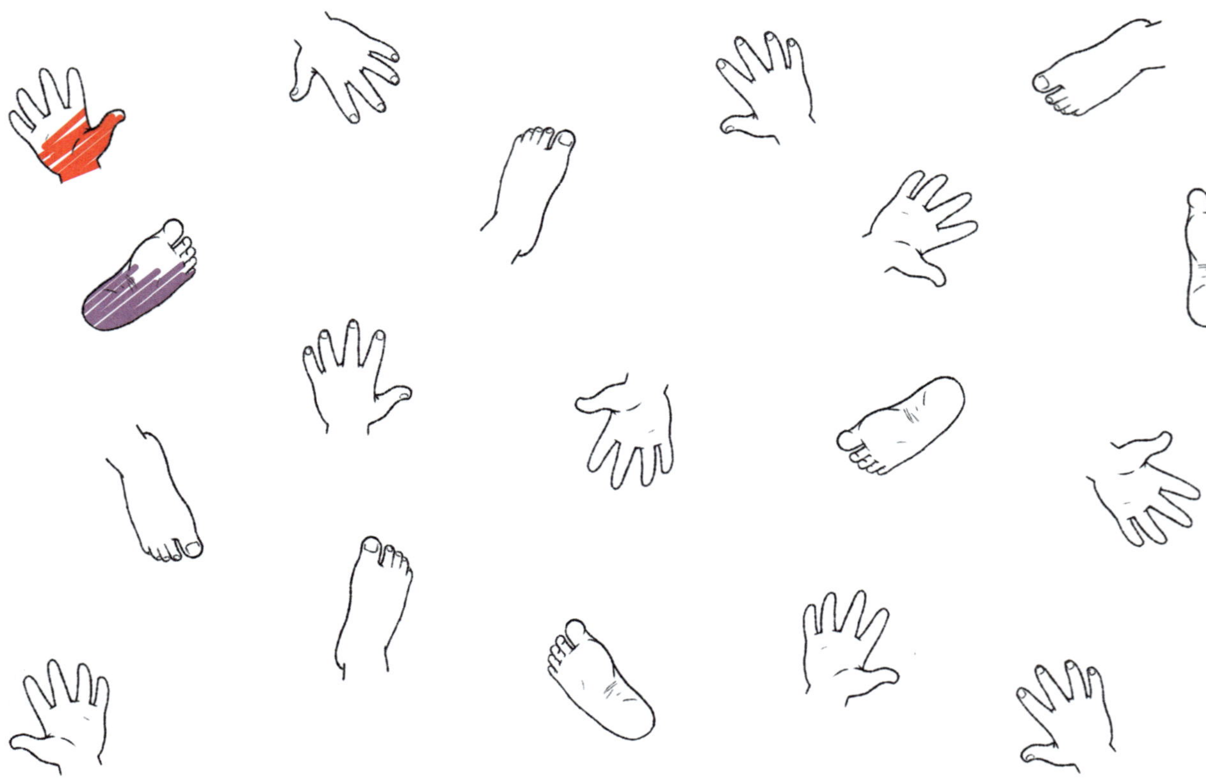

2 Hände und Füße entsprechend der Farbvorgabe anmalen

1. Zähle und trage ein.

2. Trage ein.

3. Setze ein: >, < oder =. Finde passende Zahlen.

7 ○ 7 6 ○ 11 10 ○ 5 8 ○ 9 12 > ▢

4. Male dazu oder streiche weg.

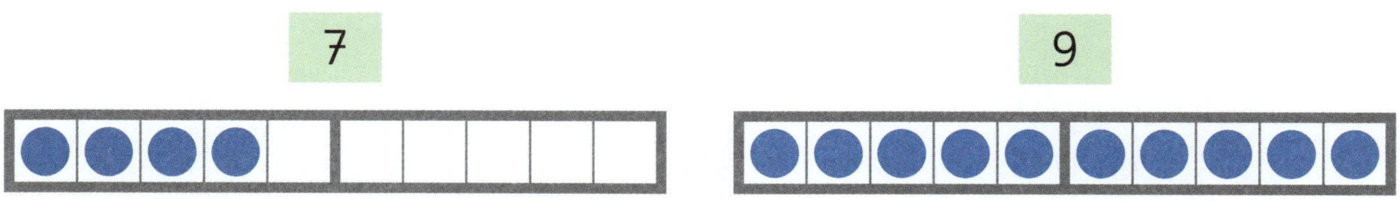

5. Kreise ein.

1: Finde passende Zerlegungen. Achte auf Farben und Formen.

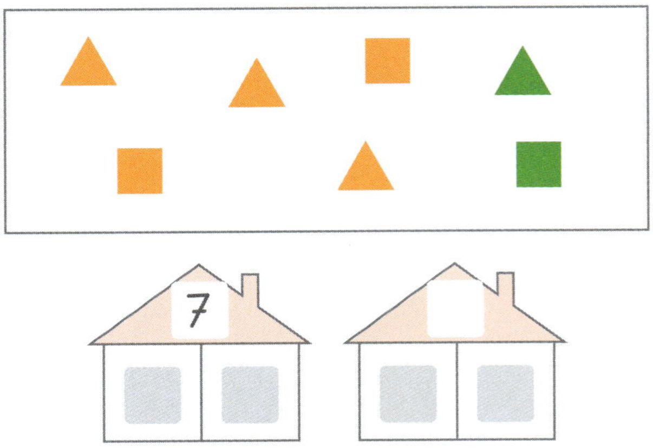

2: Finde die Fehler. Streiche durch und verbessere.

7		
~~2~~	1	5
1	1	5

9		
3	2	5

10		
2	4	1

8		
5	2	2

9		
4	1	6

10		
1	2	5

11		
3	2	7

12		
6	3	4

1, 2 Mehrere Lösungen sind möglich

1 Finde alle Zerlegungen.

5				
5	+	0	+	0
4	+	0	+	
4	+	1	+	
3	+		+	
	+		+	
	+		+	
2	+		+	

5				
2	+		+	
	+		+	
	+		+	
	+		+	
	+		+	
	+		+	
1	+		+	

5				
	+		+	
	+		+	
	+		+	
	+		+	
	+		+	
	+		+	
	+		+	

2 Finde Zerlegungen der 5, die so aussehen wie die Formen links. Male rot an.

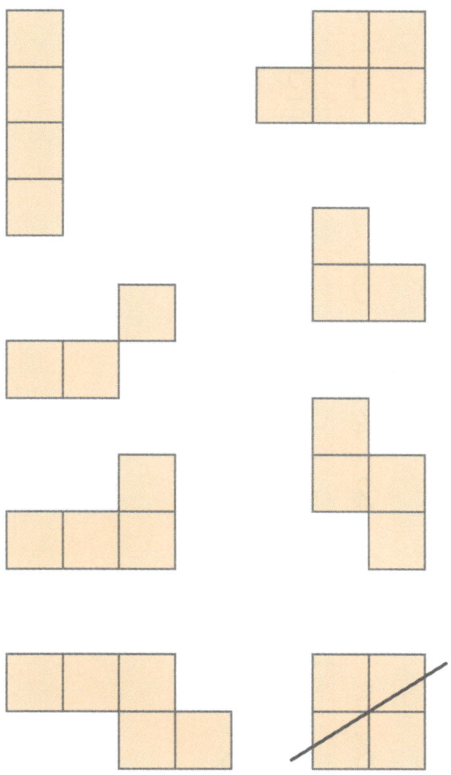

1	0	5	2	3	0	5	4	3	5
1	3	4	2	2	2	4	0	1	5
4	5	3	4	2	1	1	0	3	5
5	4	2	1	3	2	1	0	0	3
2	3	4	1	5	1	4	2	5	3
2	1	0	4	3	2	3	1	1	2
3	3	1	2	3	2	5	0	1	1
6	4	6	4	1	0	1	2	4	6
2	1	1	5	4	1	2	6	1	0
2	4	1	0	2	2	3	0	3	2

3 Finde in Aufgabe 2 noch andere Formen für Zerlegungen der 5.
Male sie gelb an.

2, 3 Formen können sich überschneiden; mehrere Lösungen sind möglich

1 Setze die richtigen Zahlen ein. Gleiche Formen bedeuten gleiche Zahlen.

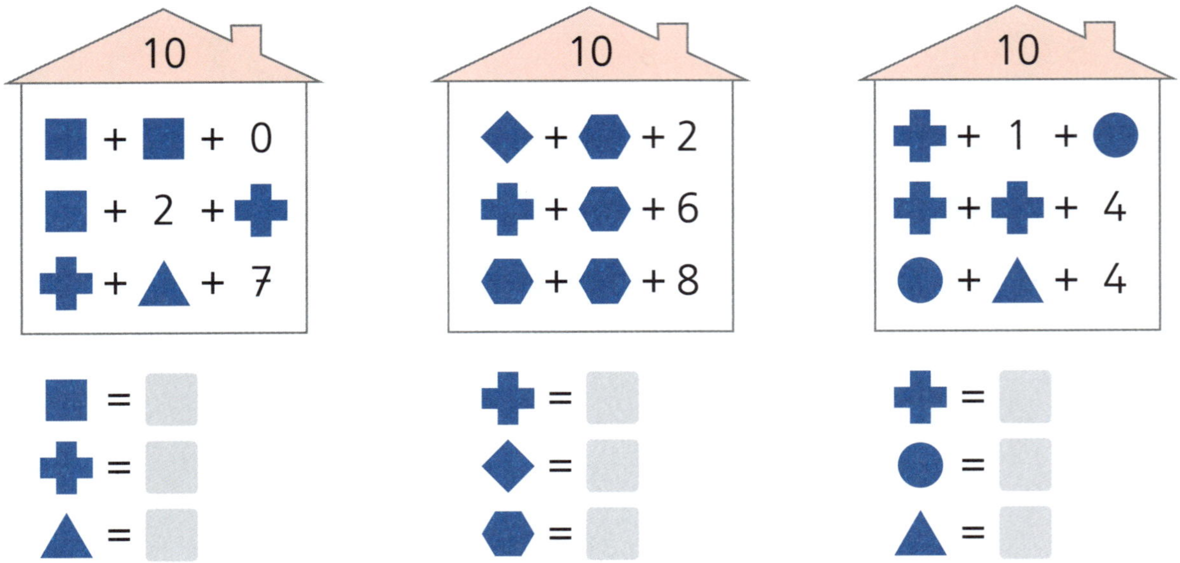

2 Immer 10. Finde Zerlegungen und male an.

1	1	5	6	3	5	0	5	8	4	6	3	8	7	0
7	5	6	5	7	6	7	5	5	4	0	6	7	2	4
6	7	0	2	4	1	0	7	2	0	4	5	0	2	6
3	3	5	8	2	5	1	7	2	2	5	0	7	2	2
1	2	0	5	4	3	1	3	1	8	7	3	5	7	0
0	3	7	7	2	6	6	2	1	2	4	0	0	6	2
7	6	8	4	2	6	4	1	0	5	8	6	6	0	4
5	4	6	6	1	4	1	1	8	4	0	4	4	2	5
2	4	4	2	6	3	3	3	7	0	2	7	2	6	7
0	1	0	3	6	8	1	8	1	4	3	3	3	4	6
5	5	5	5	1	6	7	1	5	3	6	8	6	9	1
6	6	8	7	7	3	7	8	5	4	6	1	5	6	4
6	0	1	5	7	4	0	6	4	8	4	4	0	6	0
6	8	6	3	0	3	4	5	7	3	2	5	1	1	5

Finde alle möglichen Zerlegungen mit zwei Zahlen.

Finde möglichst viele verschiedene Zerlegungen mit drei Zahlen.

Finde die Zerlegungen mit den meisten Zahlen.

2 Lösungen können sich überschneiden; mehrere Lösungen sind möglich

1 Finde die Fehler. Streiche durch und verbessere.

7		
5	1	2

6		
2	2	1

7		
4	1	3

6		
1	3	0

2 Finde Zerlegungen der Figur links. Kreise ein und verbinde.
Es bleiben Formen übrig.

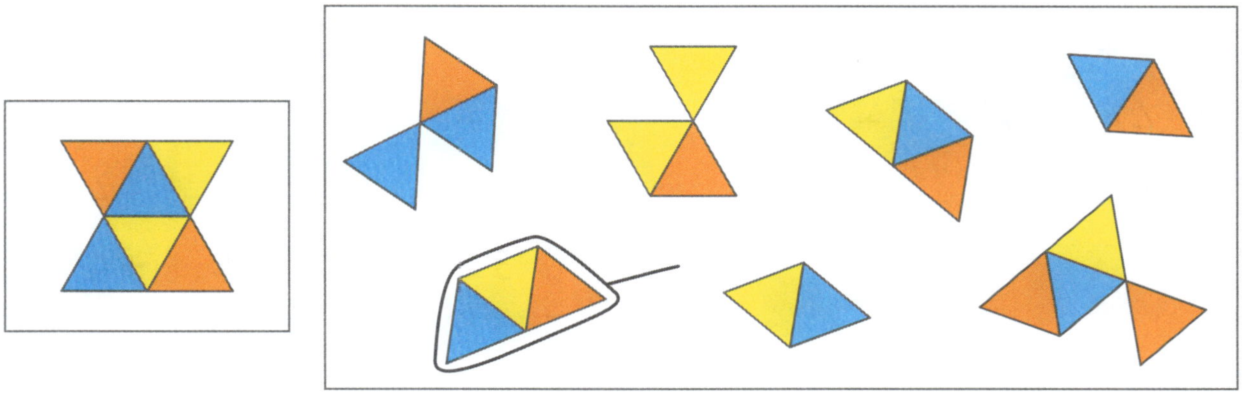

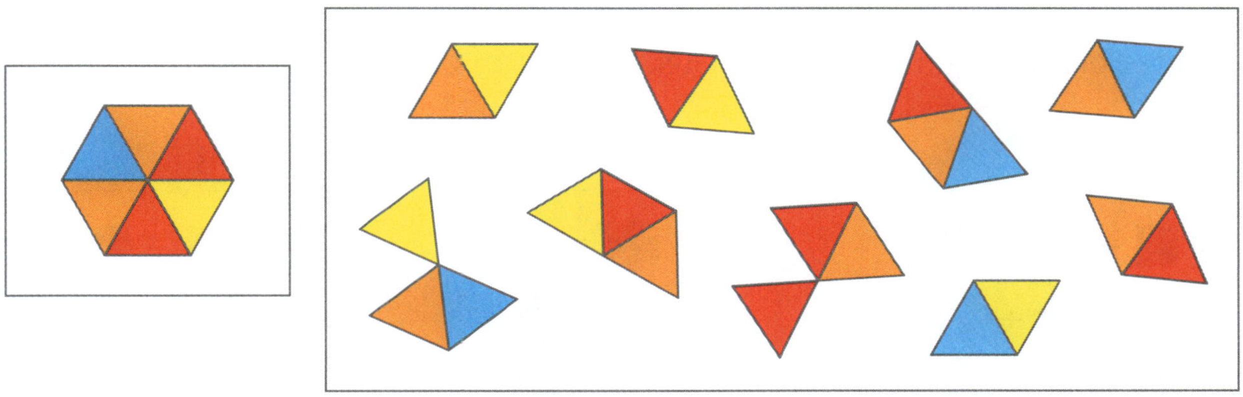

3 Trage ein. Streiche die Zahlenkarten durch.

6
1 + ☐ + ☐
☐ + ☐ + ☐
☐ + ☐ + ☐

0, 0, ~~1~~, 1, 1, 1, 1, 1, 1, 2, 2, 3, 3, 3, 4, 4, 5, 6

7
☐ + ☐ + ☐
☐ + ☐ + ☐
☐ + ☐ + ☐

1 Finde alle Zerlegungen.
Bei jeder Zerlegung darf jede Zahl nur einmal vorkommen.

8		8
0 + 3 +	5	+ 2 + 1
0 + 5 +	3	+ 4 + 1
0 + □ +	□	+ □ + 1
2 + □ +	□	+ □ + 3
2 + □ +	□	+ □ + 3
2 + □ +	□	+ □ + 3
4 + □ +	□	+ □ + 5
4 + □ +	□	+ □ + 5

9		9
0 + □ +	□	+ □ + 2
0 + □ +	□	+ □ + 2
0 + □ +	□	+ □ + 2
0 + □ +	□	+ □ + 2
1 + □ +	□	+ □ + 3
1 + □ +	□	+ □ + 3
1 + □ +	□	+ □ + 5
3 + □ +	□	+ □ + 4
3 + □ +	□	+ □ + 4

2 Setze die richtigen Zahlen ein. Gleiche Formen bedeuten gleiche Zahlen.

9
■ + ■ + ■
■ + ✚ + 2
✚ + 0 + ▲

■ = □
✚ = □
▲ = □

9
✚ + ✚ + 1
◆ + ■ + ✚
6 + ◆ + ♥

■ = □
◆ = □
✚ = □
♥ = □

8
■ + ■ + ◆
● + 0 + ◆
● + ♥ + ♥

■ = □
● = □
◆ = □
♥ = □

1 Trage ein.

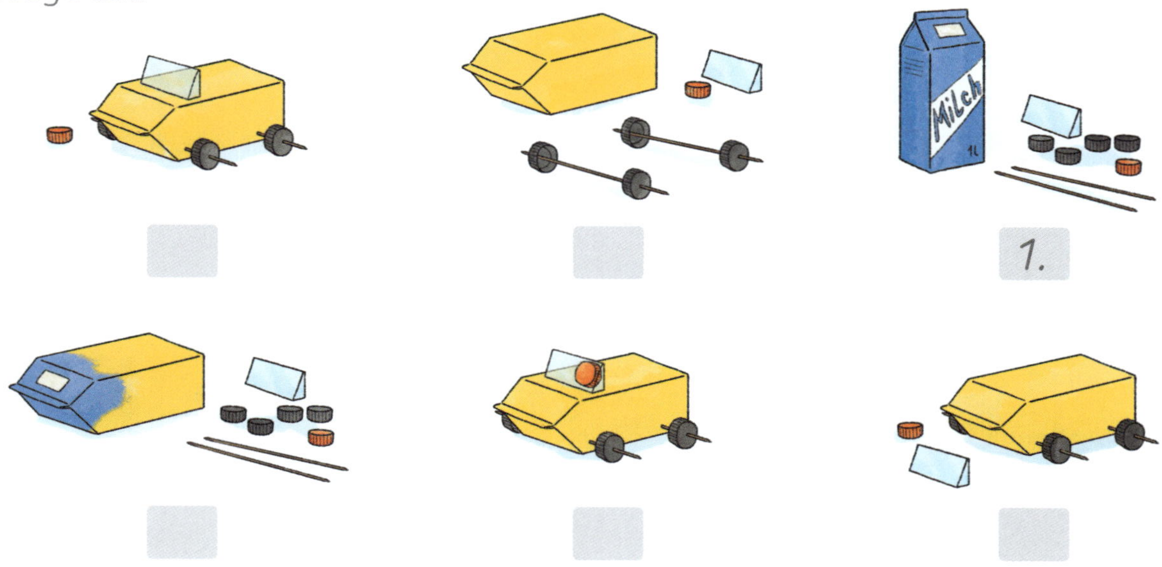

2 Trage ein.

3 Welche Formen sind verdeckt? Male.

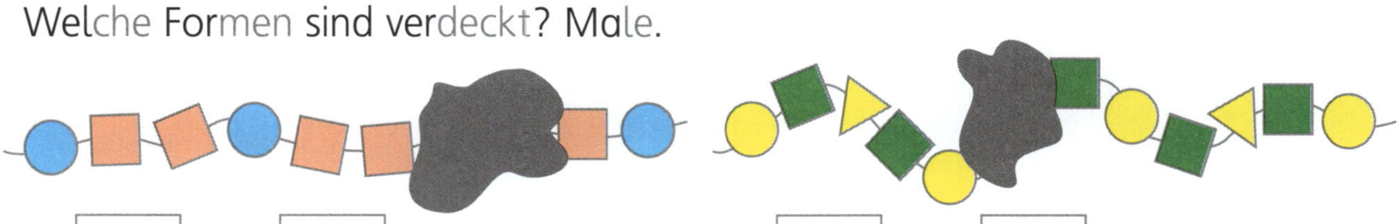

7. ☐ 8. ☐ 6. ☐ 7. ☐

11. ☐ 12. ☐ 13. ☐ 1. ☐ 2. ☐ 3. ☐

1: Spure nach. Verbinde.

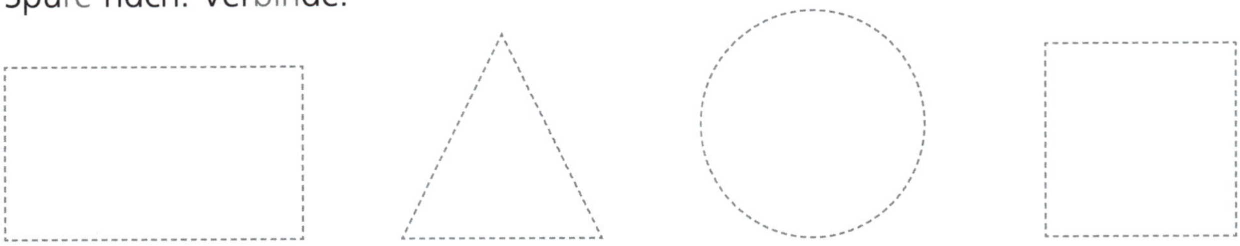

Rechteck Dreieck Kreis Quadrat

2: Male die Formen je nach Anzahl an. Zähle und trage ein.

4	12	6	7				

1 Mehrere Verbindungen pro geometrischer Form sind möglich
2 Zum Teil sind mehrere Lösungen möglich

Figuren nachlegen und auslegen

1. Lege nach und zähle.

2: Finde die Lösung. Lege aus.

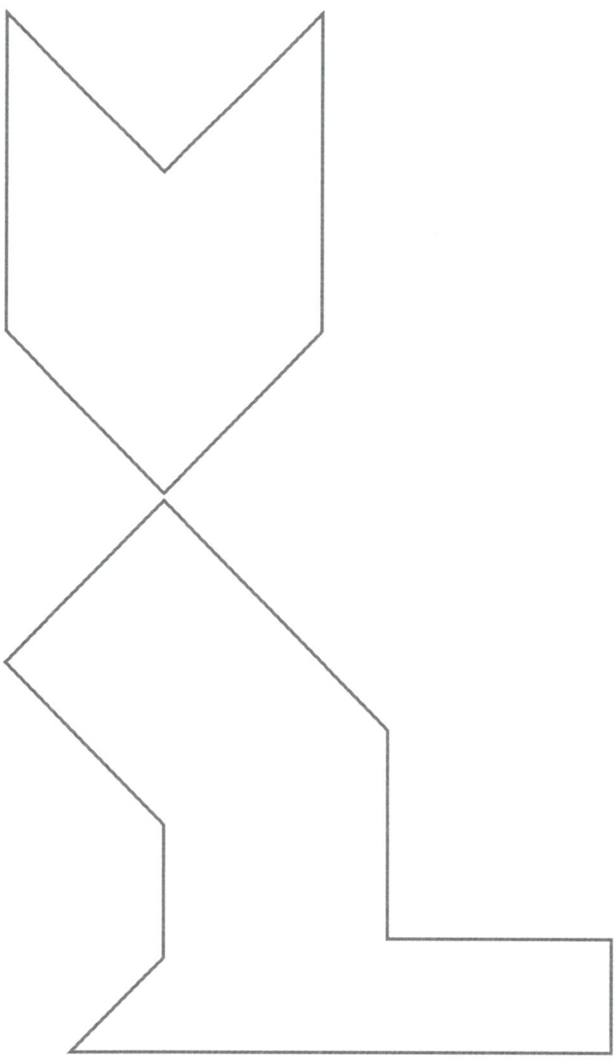

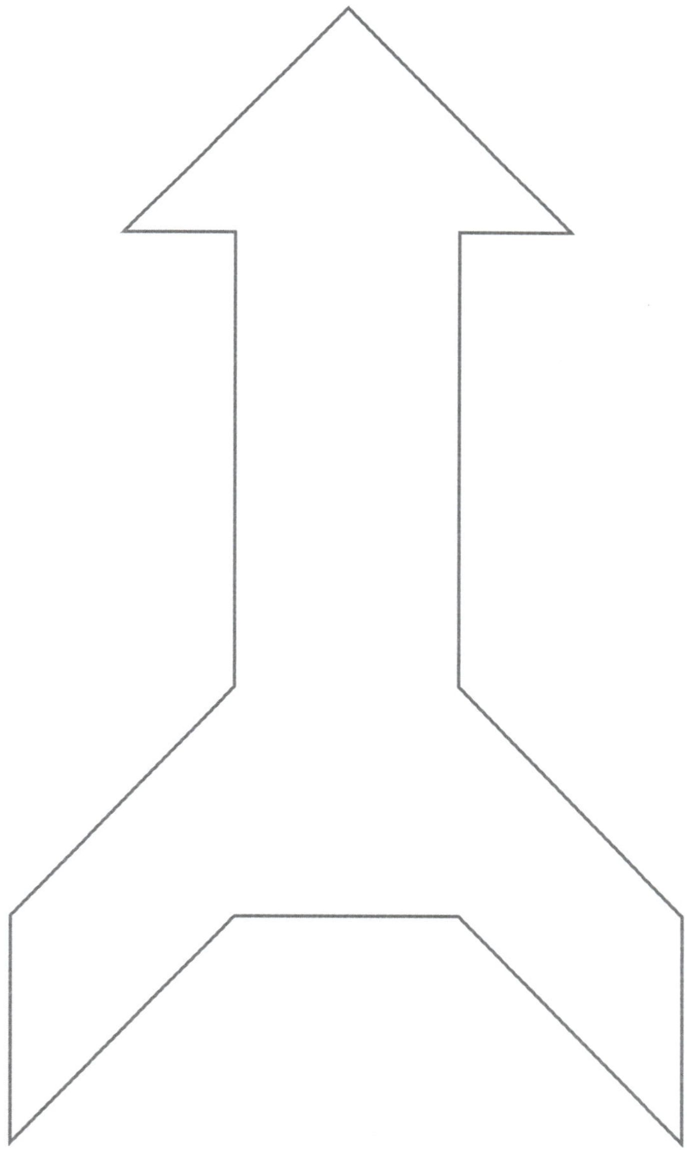

1, 2 Geoplättchen verwenden
2 Mehrere Lösungen sind möglich

1. Setze fort.

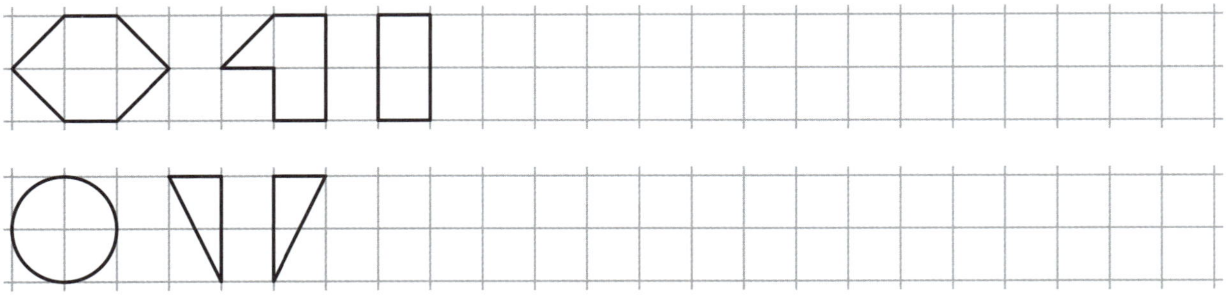

2. Setze fort.

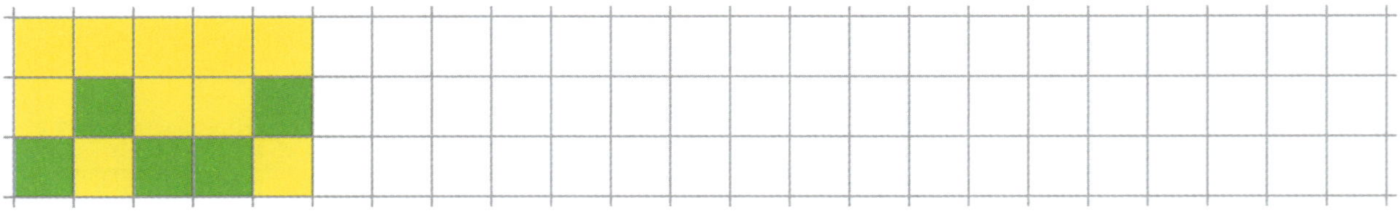

3. Setze fort.

4: Erfinde ein eigenes Muster. Male.

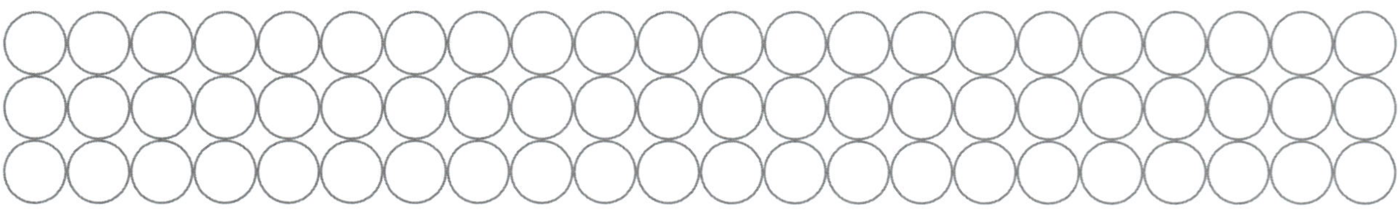

5: Finde die Fehler. Kreise ein.

1 Auf genauen Abstand in Kästchen achten
5 Es gibt 6 Fehler

1. Male und rechne.

☐ + ☐ = ☐

☐ + ☐ = ☐

☐ + ☐ = ☐

☐ + ☐ + ☐ = ☐

☐ + ☐ + ☐ = ☐

☐ + ☐ + ☐ = ☐

2. Ergänze das Bild. Male und rechne.

☐ + 2 = ☐

☐ + ☐ = 10

☐ + ☐ = 8

3: Korrigiere die Fehler. Streiche durch. Schreibe die richtige Rechnung darunter.

5 + 6 = 12

☐ + ☐ = ☐

7 + 2 = 9

☐ + ☐ = ☐

6 + 7 = 14

☐ + ☐ = ☐

1: Entdecke Rechengeschichten. Kreise ein und rechne.

___ + ___ = ___

___ + ___ = ___

___ + ___ = ___

___ + ___ = ___

___ + ___ = ___

___ + ___ = ___

___ + ___ = ___

___ + ___ = ___

___ + ___ = ___

___ + ___ = ___

1 Setze fort und rechne.

4 + 5 = ☐	9 + 4 = ☐	2 + 4 + 1 = ☐
5 + 5 = ☐	8 + 4 = ☐	2 + 4 + 2 = ☐
6 + 5 = ☐	7 + 4 = ☐	2 + 4 + 3 = ☐
7 + ☐ = ☐	☐ + 4 = ☐	2 + 4 + ☐ = ☐
☐ + ☐ = ☐	☐ + ☐ = ☐	☐ + ☐ + ☐ = ☐

2 Finde schöne Päckchen.

☐ + ☐ = 3	☐ + ☐ = 10	☐ + ☐ = 2	☐ + ☐ = 12
☐ + ☐ = 4	☐ + ☐ = 9	☐ + ☐ = 4	☐ + ☐ = 10
☐ + ☐ = 5	☐ + ☐ = 8	☐ + ☐ = 6	☐ + ☐ = 8
☐ + ☐ = 6	☐ + ☐ = 7	☐ + ☐ = 8	☐ + ☐ = 6

3 Welche Ergebnisreihen können zu schönen Päckchen gehören? Kreuze an.

○	○	○	○
= 10	= 8	= 2	= 1
= 9	= 7	= 4	= 3
= 8	= 5	= 7	= 5
= 7	= 4	= 9	= 7
= 6	= 3	= 11	= 9

4 Setze die Zahlen so ein, dass ein schönes Päckchen entsteht.

11 9 7 1 8 10 4 10 8 2 4 2 6 3 5

☐ + ☐ = ☐
☐ + ☐ = ☐
☐ + ☐ = ☐
☐ + ☐ = ☐
☐ + ☐ = ☐

2 Mehrere Lösungen sind möglich
4 Jede Zahl darf nur einmal verwendet werden; mehrere Lösungen sind möglich

1. Rechne Aufgabe und Tauschaufgabe.

1 + 8 = ___	4 + 9 = ___	10 + 1 = ___	7 + 6 = ___
8 + 1 = ___	9 + 4 = ___	1 + 10 = ___	6 + 7 = ___
3 + 8 = ___	6 + 9 = ___	6 + 5 = ___	4 + 11 = ___
___ + ___ = ___	___ + ___ = ___	___ + ___ = ___	___ + ___ = ___

2: Finde eigene Aufgaben und Tauschaufgaben.

___ + ___ = 8	___ + ___ = 7	___ + ___ = 9	___ + ___ = 10
___ + ___ = 8	___ + ___ = 7	___ + ___ = 9	___ + ___ = 10
___ + ___ = 11	___ + ___ = 12	___ + ___ = 15	___ + ___ = 19
___ + ___ = 11	___ + ___ = 12	___ + ___ = 15	___ + ___ = 19
___ + ___ = 13	___ + ___ = 14	___ + ___ = 16	___ + ___ = 20
___ + ___ = 13	___ + ___ = 14	___ + ___ = 16	___ + ___ = 20

3: Bilde aus den Zahlen Aufgabe und Tauschaufgabe.

5 2 9 5 1
9 7 10 9
12 4 9 5 12
10 7 1 4 5
2 10 10 12 12

___ + ___ = ___	___ + ___ = ___
___ + ___ = ___	___ + ___ = ___
___ + ___ = ___	___ + ___ = ___
___ + ___ = ___	___ + ___ = ___

4: Die Rechnung soll stimmen. Setze Zahlen ein. Nutze die Tauschaufgabe.

___ + 8 = ___ + 5	7 + ___ = 6 + ___	___ + 4 = ___ + 9
3 + ___ = 1 + ___	___ + 8 = ___ + 4	6 + ___ = 0 + ___

2 Mehrere Lösungen sind möglich
3 Jede Zahl darf nur einmal verwendet werden

1: Ergänze.

9 + □ = 10	3 + □ = 9	10 = 1 + □
□ + 5 = 12	□ + 5 = 13	11 = 3 + □
9 + □ = 9	□ + 7 = 15	12 = □ + 6
7 + □ = 12	5 + □ = 11	13 = □ + 2
□ + 9 = 14	9 + □ = 16	14 = 3 + □
□ + 9 = 13	□ + 7 = 17	15 = 1 + □

2: Die Rechnung soll stimmen. Setze Zahlen ein.

5 + 4 = 3 + □	9 + 4 = 8 + □
6 + □ = 4 + 4	6 + □ = 9 + 5
5 + 5 = □ + 10	12 + 5 = □ + 7
□ + 7 = 6 + 5	□ + 4 = 8 + 7
0 + 7 = □ + 4	12 + 8 = □ + 17

3: Ergänze.

4 + 3 + □ = 9	4 + 6 + □ = 13	9 = 1 + 2 + □
5 + □ + 1 = 10	7 + □ + 1 = 12	14 = 3 + □ + 4
□ + 3 + 3 = 8	□ + 5 + 6 = 13	12 = □ + 7 + 1
2 + 2 + □ = 6	3 + 2 + □ = 15	15 = 2 + 8 + □
1 + □ + 6 = 7	7 + □ + 8 = 18	17 = 10 + 6 + □
1 + □ + 1 = 5	□ + 6 + 2 = 14	16 = □ + 4 + 8
□ + 5 + □ = 11	□ + □ + 5 = 20	19 = □ + □ + 8

4: Finde eigene Aufgaben mit 3 Zahlen.

□ + □ + □ = 10	□ + □ + □ = 12	□ + □ + □ = 17
□ + □ + □ = 11	□ + □ + □ = 14	□ + □ + □ = 20

3 Zum Teil sind mehrere Lösungen möglich

1. Rechne.

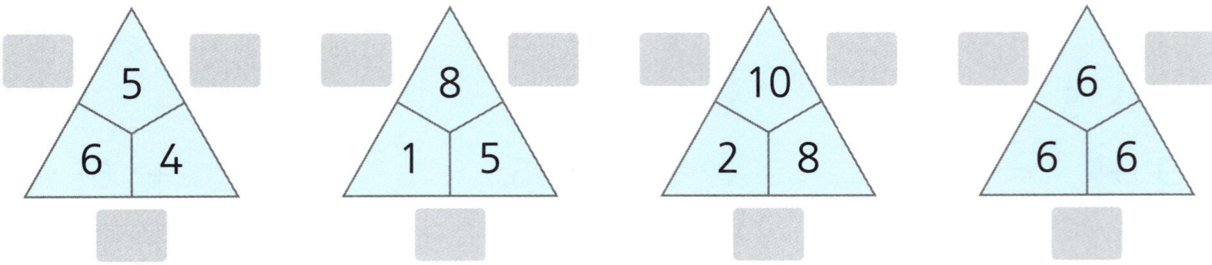

2. Rechne.

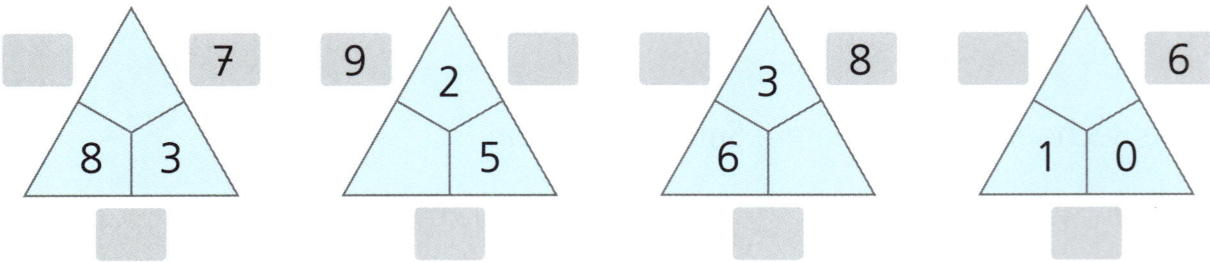

3. Rechne.

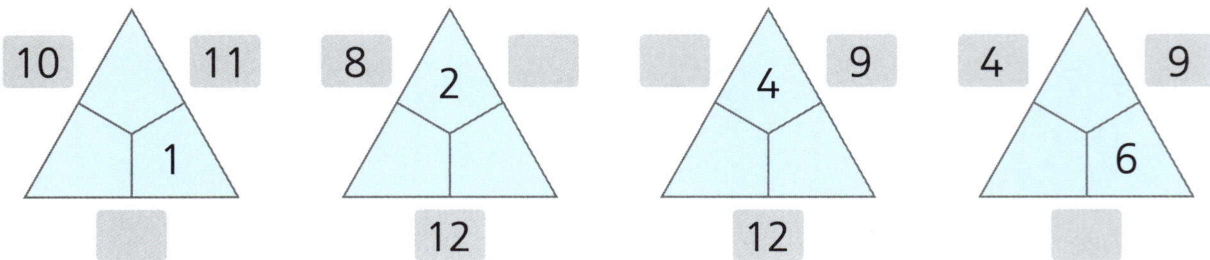

4. Finde die Lösung.

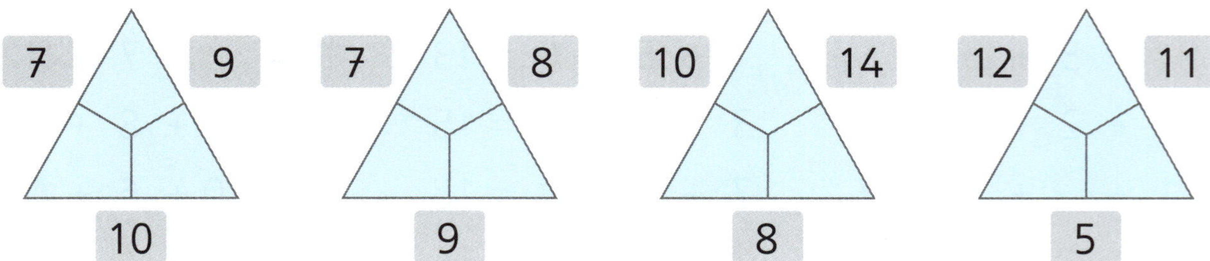

5. Kann das sein? Kreuze an.

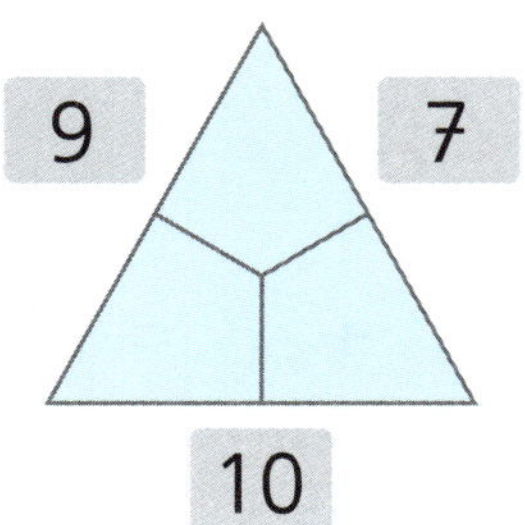

ja
nein

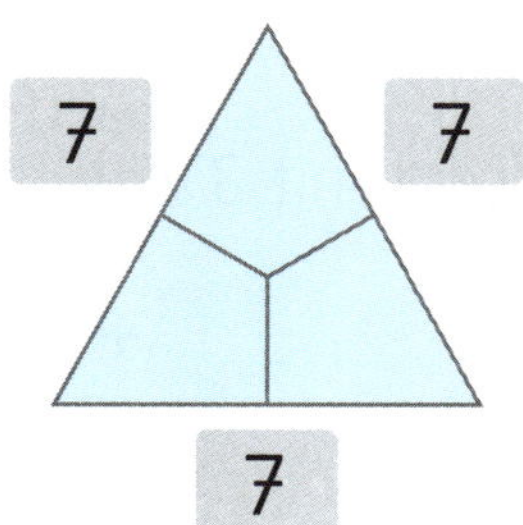

ja
nein

1. Male, streiche durch und rechne.

___ − ___ = ___

___ − ___ = ___

___ − ___ = ___

___ − ___ − ___ = ___

___ − ___ − ___ = ___

___ − ___ − ___ = ___

2. Male, streiche durch und rechne.

___ − 5 = ___

___ − ___ = 10

___ − ___ = 8

3: Korrigiere die Fehler. Streiche durch. Schreibe die richtige Rechnung darunter.

12 − 5 = 6

___ − ___ = ___

9 − 3 = 6

___ − ___ = ___

15 − 6 = 7

___ − ___ = ___

1: Entdecke Rechengeschichten. Kreise ein und rechne.

___ – ___ = ___		___ – ___ = ___
___ – ___ = ___		___ – ___ = ___
___ – ___ = ___		___ – ___ = ___
___ – ___ = ___		___ – ___ = ___
___ – ___ = ___		___ – ___ = ___

1 Setze fort und rechne.

9 − 5 =	15 − 4 =	16 − 4 − 1 =
10 − 5 =	14 − 4 =	16 − 4 − 2 =
11 − 5 =	13 − 4 =	16 − 4 − 3 =
12 − ☐ =	☐ − 4 =	16 − 4 − ☐ =
☐ − ☐ =	☐ − ☐ =	☐ − ☐ − ☐ =

2 Finde schöne Päckchen.

☐ − ☐ = 10	☐ − ☐ = 2	☐ − ☐ = 12
☐ − ☐ = 9	☐ − ☐ = 4	☐ − ☐ = 10
☐ − ☐ = 8	☐ − ☐ = 6	☐ − ☐ = 8
☐ − ☐ = 7	☐ − ☐ = 8	☐ − ☐ = 6

3 Welche Ergebnisreihen können zu schönen Päckchen gehören? Kreuze an.

○	○	○	○
= 11	= 17	= 6	= 3
= 9	= 16	= 8	= 4
= 7	= 14	= 10	= 5
= 5	= 13	= 12	= 7
= 3	= 12	= 14	= 8

4 Setze die Zahlen so ein, dass ein schönes Päckchen entsteht.

11 1 9 2 8 10 10 4 8 4 6 2 3 5 7

☐ − ☐ = ☐
☐ − ☐ = ☐
☐ − ☐ = ☐
☐ − ☐ = ☐
☐ − ☐ = ☐

2 Mehrere Lösungen sind möglich
4 Jede Zahl darf nur einmal verwendet werden; zum Teil sind mehrere Lösungen möglich

1 Jede Eistüte soll anders aussehen. Male sie an.

2 Ergänze den Entscheidungsbaum. Male.

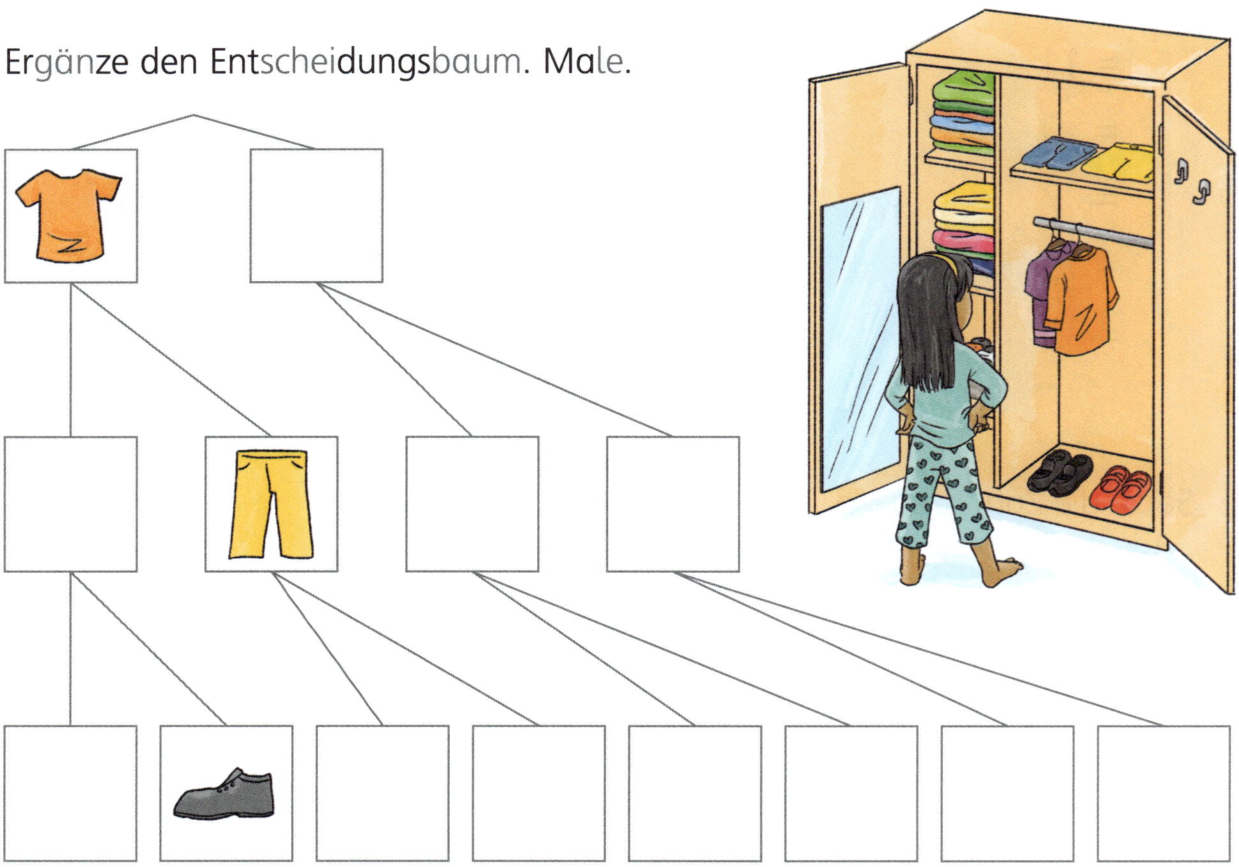

1 Für welche Zahlen stehen die Formen? Trage ein.

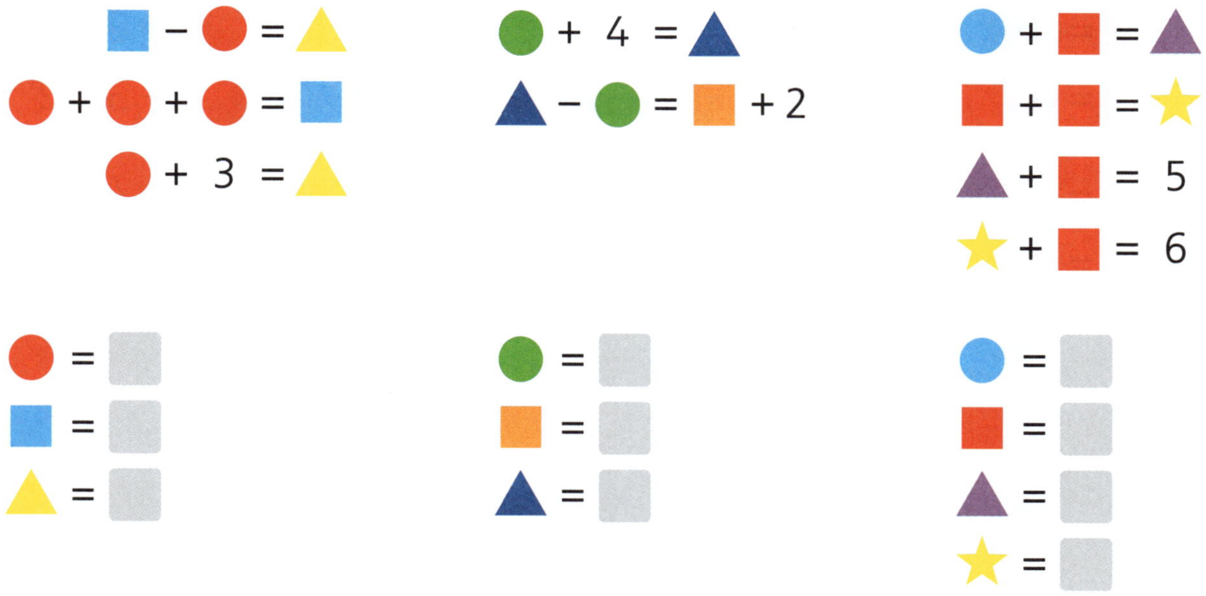

2 Die Rechnung soll stimmen. Setze Zahlen ein.

3 Finde viele Aufgaben mit dem Ergebnis 20.

1. Rechne.

8 − 2 =	4 + 5 =	− 6 = 3	+ 3 = 5
6 + 2 =	9 − 5 =	+ 6 = 9	− 3 = 2
7 + 1 =	2 + 6 =	+ 1 = 10	− 4 = 2
8 − 1 =	8 − 6 =	− 1 = 9	+ 4 = 6

2. Rechne.

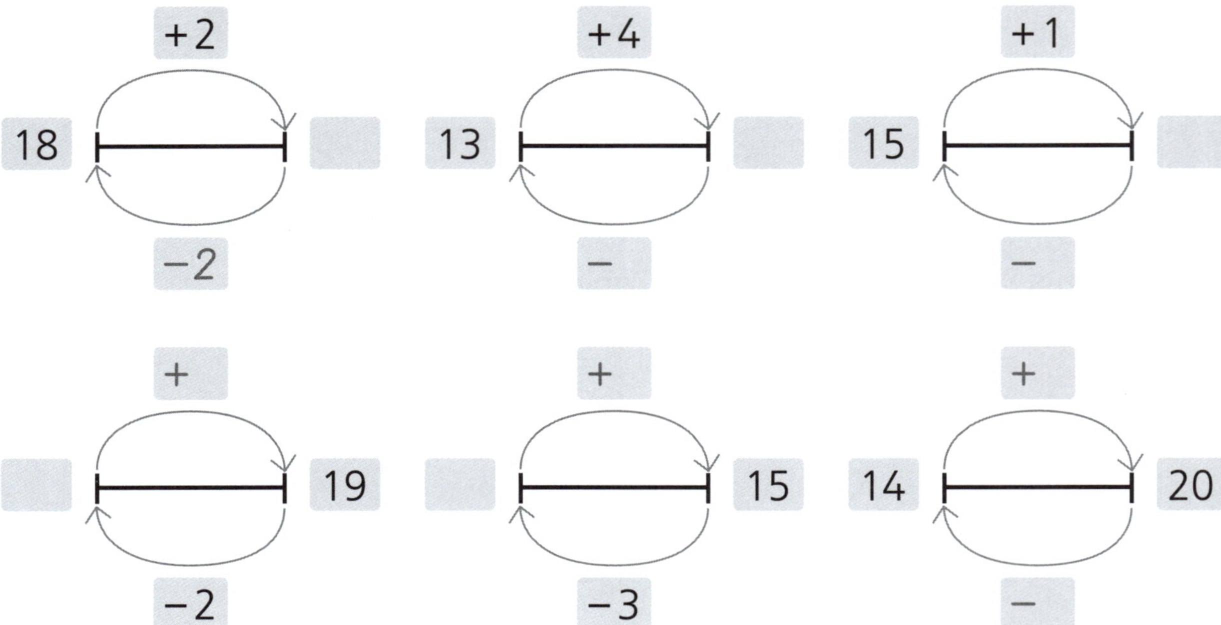

3: Rechne.

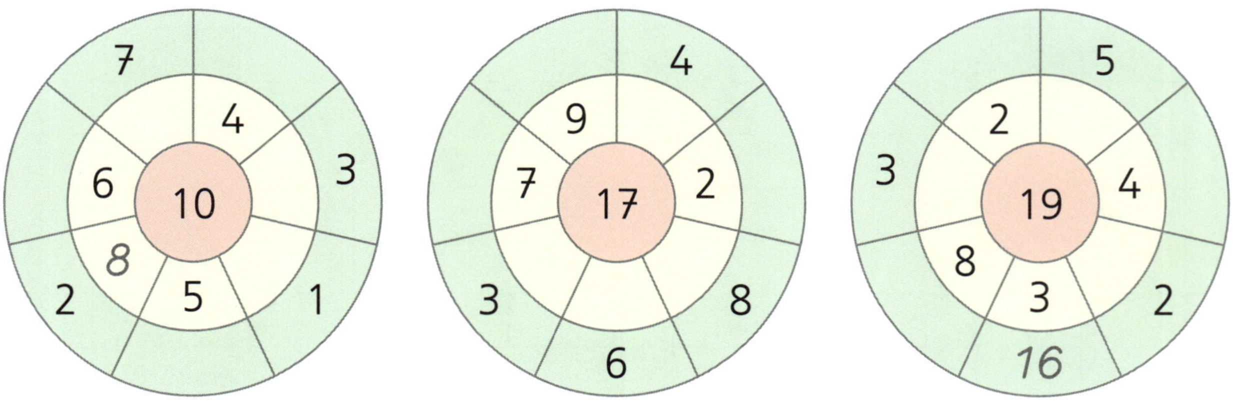

3 Grünes und gelbes Feld addieren, rotes Feld ist das Ergebnis

Ziffer 1

1. Schreibe.

1	1	1	1	1	1	1	1	1	1	1
1	1	1	1	1	1	1	1	1	1	1
1	1	1	1	1	1	1	1	1	1	1

* **2.** Male oder klebe 1.

3. Kreise ein.

0 **(1)** 2

(2) 3 1

* Individuelle Lösung

1 Schreiben
2 Passende Bilder zur Ziffer 1 malen oder kleben
3 Richtige Zahlen einkreisen

Ziffer 2

1. Schreibe.

2	2	2	2	2	2	2	2	2	2	2
2	2	2	2	2	2	2	2	2	2	2
2	2	2	2	2	2	2	2	2	2	2

* **2.** Male oder klebe 2.

3. Kreise ein.

2 4 **(3)**

3 4 **(2)**

1 Schreiben
2 Passende Bilder zur Ziffer 2 malen oder kleben
3 Richtige Zahlen einkreisen

* Individuelle Lösung

Ziffer 3

1. Schreibe.

3	3	3	3	3	3	3	3	3	3	3
3	3	3	3	3	3	3	3	3	3	3
3	3	3	3	3	3	3	3	3	3	3

* **2.** Male oder klebe 3.

3. Kreise ein.

(3) 4 5

2 6 **(4)**

* Individuelle Lösung

1 Schreiben
2 Passende Bilder zur Ziffer 3 malen oder kleben
3 Richtige Zahlen einkreisen

Ziffer 4

1. Schreibe.

4	4	4	4	4	4	4	4	4	4	4
4	4	4	4	4	4	4	4	4	4	4
4	4	4	4	4	4	4	4	4	4	4

* **2.** Male oder klebe 4.

3. Kreise ein.

5 **(4)** 3

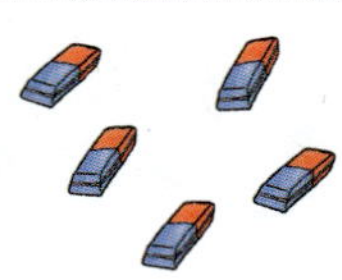

4 **(5)** 6

1 Schreiben
2 Passende Bilder zur Ziffer 4 malen oder kleben
3 Richtige Zahlen einkreisen

* Individuelle Lösung

Ziffer 5

1. Schreibe.

5	5	5	5	5	5	5	5	5	5	5
5	5	5	5	5	5	5	5	5	5	5
5	5	5	5	5	5	5	5	5	5	5

***2.** Male oder klebe 5.

3. Kreise ein.

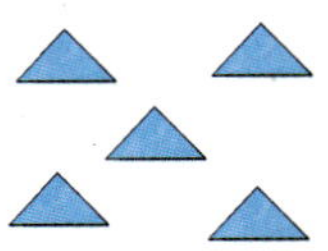

6 | 7 | (5)

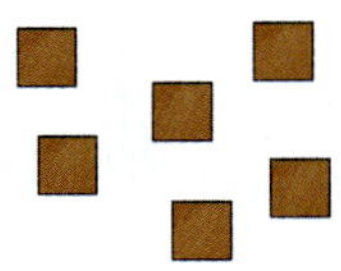

4 | (6) | 5

* Individuelle Lösung

1 Schreiben
2 Passende Bilder zur Ziffer 5 malen oder kleben
3 Richtige Zahlen einkreisen

Ziffer 6

1. Schreibe.

6	6	6	6	6	6	6	6	6	6	6
6	6	6	6	6	6	6	6	6	6	6
6	6	6	6	6	6	6	6	6	6	6

***2.** Male oder klebe 6.

3. Kreise ein.

(7) | 8 | 6

5 | (6) | 7

1 Schreiben
2 Passende Bilder zur Ziffer 6 malen oder kleben
3 Richtige Zahlen einkreisen

* Individuelle Lösung

Ziffer 7

1. Schreibe.

7	7	7	7	7	7	7	7	7	7	7
7	7	7	7	7	7	7	7	7	7	7
7	7	7	7	7	7	7	7	7	7	7

***2.** Male oder klebe 7.

3. Kreise ein.

6 | 8 | (7)

5 | (8) | 6

* Individuelle Lösung

1 Schreiben
2 Passende Bilder zur Ziffer 7 malen oder kleben
3 Richtige Zahlen einkreisen

Ziffer 8

1. Schreibe.

8	8	8	8	8	8	8	8	8	8	8
8	8	8	8	8	8	8	8	8	8	8
8	8	8	8	8	8	8	8	8	8	8

***2.** Male oder klebe 8.

3. Kreise ein.

8 | (9) | 10

7 | 6 | (8)

1 Schreiben
2 Passende Bilder zur Ziffer 8 malen oder kleben
3 Richtige Zahlen einkreisen

* Individuelle Lösung

Ziffer 9

1. Schreibe.

9	9	9	9	9	9	9	9	9	9	9
9	9	9	9	9	9	9	9	9	9	9
9	9	9	9	9	9	9	9	9	9	9

* **2.** Male oder klebe 9.

3. Kreise ein.

10 – 9 – (8)

8 – (9) – 10

10

* Individuelle Lösung

1 Schreiben
2 Passende Bilder zur Ziffer 9 malen oder kleben
3 Richtige Zahlen einkreisen

Ziffer 0

1. Schreibe.

0	0	0	0	0	0	0	0	0	0	0
0	0	0	0	0	0	0	0	0	0	0
0	0	0	0	0	0	0	0	0	0	0

* **2.** Male oder klebe 0.

3. Kreise ein.

2 – 0 – (1)

(0) – 1 – 4

1 Schreiben
2 Passende Bilder zur Ziffer 0 malen oder kleben
3 Richtige Zahlen einkreisen

* Individuelle Lösung

11

Legen und zählen

zu Schülerbuchseiten 6, 7

1. Zähle und trage ein.

Rechteck	||||
Quadrat	||||
Halbkreis	卌 |
Dreieck	|||

dunkelblau	hellblau	gelb	braun	lila
卌 |	|||	||||	|	|||

* **2.** Lege ein eigenes Bild. Male in das Gitterfeld und erstelle eine Liste.

12

* Individuelle Lösung

1 Ggf. Geoplättchen verwenden; bei Strichlisten Fünferbündelung berücksichtigen
2 Mit Geoplättchen ein eigenes Bild auf dem Tisch legen

Strichlisten mit Fünferbündelung

zu Schülerbuchseite 8

1. Zähle und trage ein.

卌 卌 ||	卌	||||
卌 卌	|||	卌 |||
卌 卌 |	卌 卌 ||	|
卌 ||||	卌 ||	卌 |

1 Bei Strichlisten Fünferbündelung berücksichtigen;
Strichlisten für alle abgebildeten Tierarten/Menschen anfertigen

13

Anzahlen bestimmen

zu Schülerbuchseite 9

1. Zähle und male.

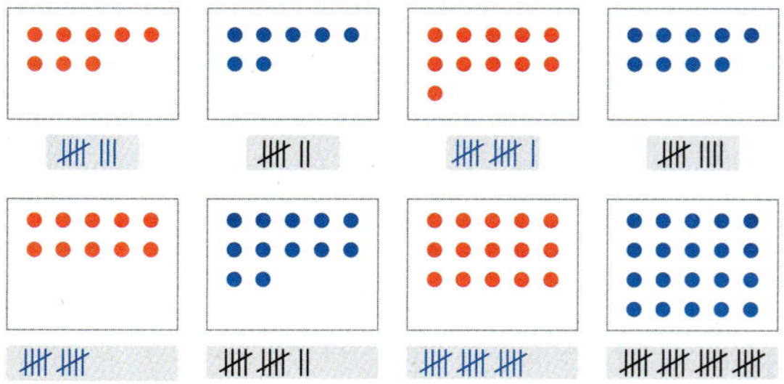

2: Zähle und trage ein.

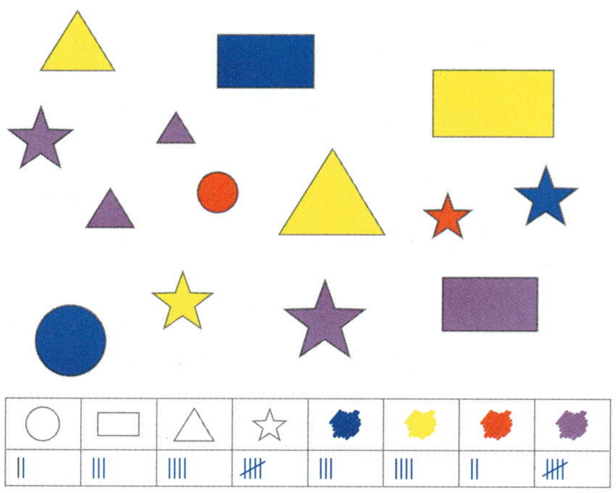

1, 2 Bei Strichlisten Fünferbündelung berücksichtigen

Zahlen bis 10

zu Schülerbuchseiten 10, 11

1: Zähle und trage ein.

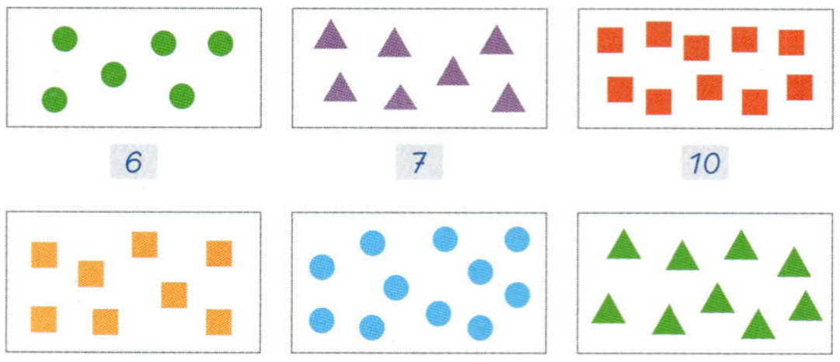

6 7 10

8 11 9

2: Schreibe passende Zahlen zu den Würfelbildern.

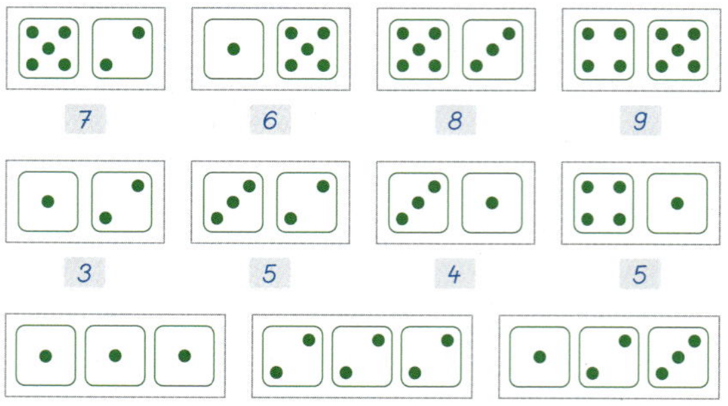

7 6 8 9

3 5 4 5

3 6 6

* **3:** Male passende Würfelbilder zu den Zahlen.

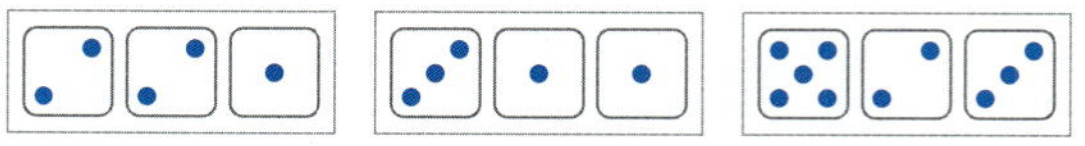

5 5 10

1 Anzahlen im Zahlenraum bis 20 zählen
3 Mehrere Lösungen sind möglich

* Beispiellösung

Zählen mit Strichlisten und Zehnerfeld

zu Schülerbuchseite 15

1: Welche Strichlisten könnten es sein? Kreuze an.

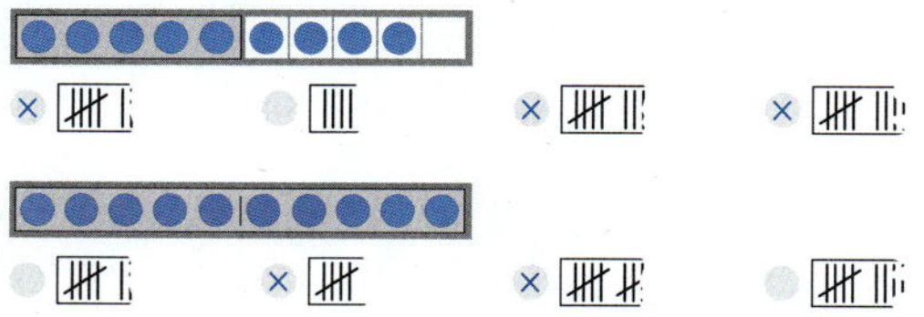

2: Bei welchen Zahlen hilft beim Legen der Fünferstreifen? Kreuze an.

0	4	× 6	× 8
3	× 7	2	× 9
10	1	11	12
× 15	× 5	20	13

3: Wovon gibt es mehr? Zähle und trage ein. Kreuze an.

4: Wovon gibt es mehr? Kreuze an und male.

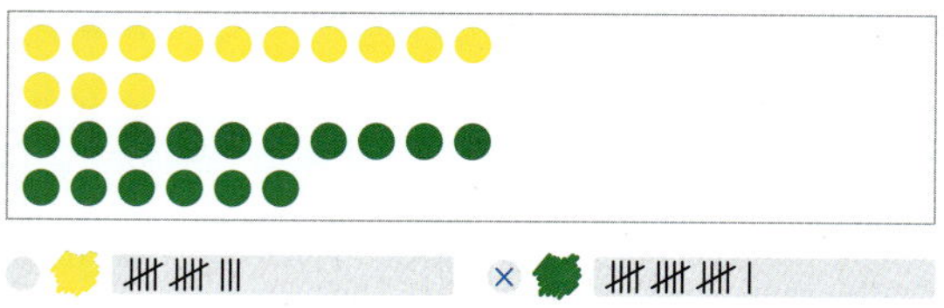

1 Bei Strichlisten Fünferbündelung berücksichtigen; mehrere Lösungen sind möglich
3 Bei Strichlisten Fünferbündelung berücksichtigen

Größer, kleiner, gleich

zu Schülerbuchseiten 16, 17

* **1:** Finde eine passende Zahl.

8 < 9	4 > 3	3 < 8	6 > 2	5 < 10
7 < 8	4 > 2	3 = 3	8 = 8	8 > 7
6 < 7	4 > 1	3 > 1	4 < 5	9 > 8

2: Male alle passenden Zahlen an.

5	>	6	5	**4**	**3**
2	<	**9**	2	1	**7**
3	>	**0**	**2**	5	3
6	<	**8**	2	5	**9**

4	>	**2**	8	5	6
1	=	0	9	**1**	2
9	<	**10**	5	0	4
7	>	9	7	**3**	**6**

* **3:** Finde passende Zahlen. Trage ein.

? > 2

3 4 5 6 7
8 9 10 11 12
13 14 15

? < 7

0 1 2 3 4
5 6

4: Welche Zahl ist es?

★ > 4 ★ < 6
★ > 3 ★ < 8
★ > 2 ★ < 7
★ = 5

♥ < 9 ♥ > 5
♥ < 10 ♥ > 6
♥ > 7 ♥ > 3
♥ = 8

1 Zum Teil sind mehrere Lösungen möglich
3 Mehrere Lösungen sind möglich

* Beispiellösung

Anzahlen verändern | Links und rechts

zu Schülerbuchseiten 18–20

1: Male dazu oder streiche weg. Setze fort.

1	9
2	8
3	7
4	6
5	5
6	4
7	3
8	2
9	1

2: Male an. Was ist links, was ist rechts?

2 Hände und Füße entsprechend der Farbvorgabe anmalen

Gemischte Übungen

zu Schülerbuchseite 21

1. Zähle und trage ein.

2. Trage ein.

6 9 12

3. Setze ein: >, < oder =. Finde passende Zahlen.

7 = 7   6 < 11   10 > 5   8 < 9   * 12 > 8

4. Male dazu oder streiche weg.

7   9

5. Kreise ein.

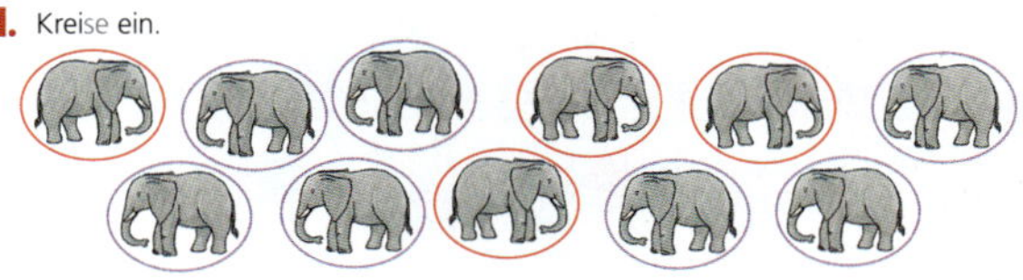

1 Ggf. Geoplättchen verwenden
3 Zum Teil sind mehrere Lösungen möglich
5 Elefanten entsprechend der Farbvorgabe einkreisen

* Beispiellösung

Zahlzerlegungen

zu Schülerbuchseiten 22, 23

* **1:** Finde passende Zerlegungen. Achte auf Farben und Formen.

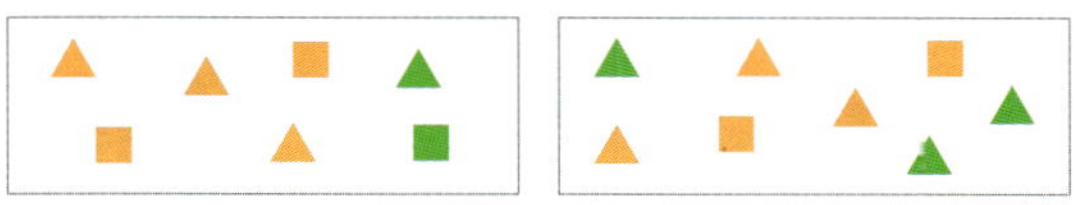

7	
5	2

7	
4	3

8	
5	3

8	
6	2

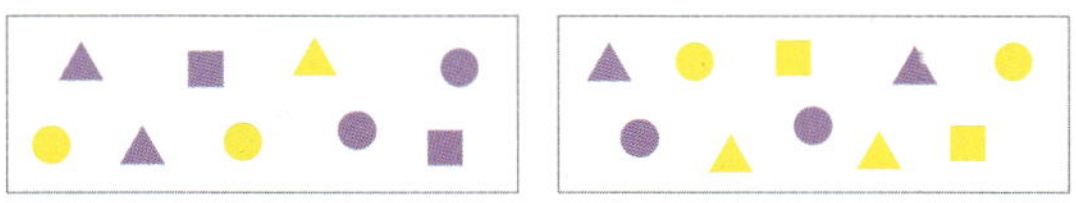

9	
3	6

9		
4	3	2

10	
6	4

10		
4	4	2

* **2:** Finde die Fehler. Streiche durch und verbessere.

7		
~~2~~	1	5
1	1	5

9		
~~3~~	2	5
2	2	5

10		
~~2~~	4	1
5	4	1

8		
~~5~~	2	2
4	2	2

9		
~~4~~	1	6
2	1	6

10		
~~1~~	2	5
3	2	5

11		
~~3~~	2	7
2	2	7

12		
~~6~~	3	4
5	3	4

* Beispiellösung

1, 2 Mehrere Lösungen sind möglich

Zerlegungen der 5

zu Schülerbuchseite 24

1: Finde alle Zerlegungen.

5
5 + 0 + 0
4 + 0 + 1
4 + 1 + 0
3 + 1 + 1
3 + 2 + 0
3 + 0 + 2
2 + 2 + 1

5
2 + 1 + 2
2 + 0 + 3
2 + 3 + 0
1 + 0 + 4
1 + 4 + 0
1 + 1 + 3
1 + 3 + 1

5
1 + 2 + 2
0 + 0 + 5
0 + 5 + 0
0 + 4 + 1
0 + 1 + 4
0 + 3 + 2
0 + 2 + 3

* **2:** Finde Zerlegungen der 5, die so aussehen wie die Formen links. Male rot an.

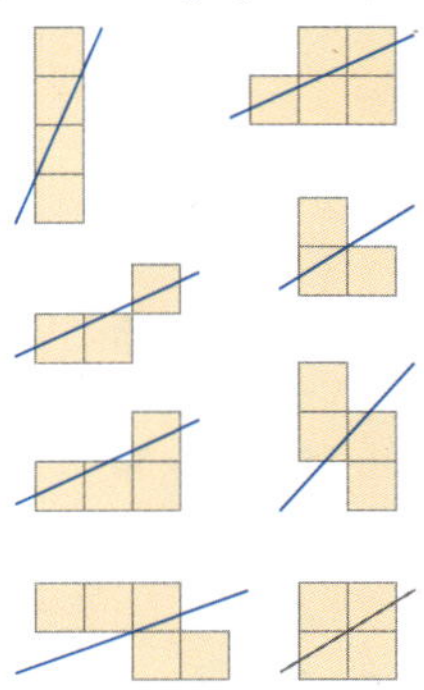

1	0	5	2	3	0	5	4	3	5
1	3	4	2	2	2	4	0	1	5
4	5	3	4	2	1	1	0	3	5
5	4	2	1	3	2	1	0	0	3
2	3	4	1	5	1	4	2	5	3
2	1	0	4	3	2	3	1	1	2
3	3	1	2	3	2	5	0	1	1
6	4	6	4	1	0	1	2	4	6
2	1	1	5	4	1	2	6	1	0
2	4	1	0	2	2	3	0	3	2

* **3:** Finde in Aufgabe 2 noch andere Formen für Zerlegungen der 5. Male sie gelb an.

2, 3 Formen können sich überschneiden; mehrere Lösungen sind möglich

* Beispiellösung

Zerlegungen der 10

zu Schülerbuchseite 25

1: Setze die richtigen Zahlen ein. Gleiche Formen bedeuten gleiche Zahlen.

10	10	10
■ + ■ + 0	◆ + ⬣ + 2	✚ + 1 + ●
■ + 2 + ✚	✚ + ⬣ + 6	✚ + ✚ + 4
✚ + ▲ + 7	⬣ + ⬣ + 8	● + ▲ + 4
■ = 5	✚ = 3	✚ = 3
✚ = 3	◆ = 7	● = 6
▲ = 0	⬣ = 1	▲ = 0

* **2:** Immer 10. Finde Zerlegungen und male an.

1	1	5	6	3	5	0	5	8	4	6	3	8	7	0
7	5	6	5	7	6	7	5	5	4	0	6	7	2	4
6	7	0	2	4	1	0	7	2	0	4	5	0	2	6
3	3	5	8	2	5	1	7	2	2	5	0	7	2	2
1	2	0	5	4	3	1	3	1	8	7	3	5	7	0
0	3	7	7	2	6	6	2	1	2	4	0	0	6	2
7	6	8	4	2	6	4	1	0	5	8	6	6	0	4
5	4	6	6	1	4	1	1	8	4	0	4	4	2	5
2	4	4	2	6	3	3	3	7	0	2	7	2	6	7
0	1	0	3	6	8	1	8	1	4	3	3	3	4	6
5	5	5	5	1	6	7	1	5	3	6	8	6	9	1
6	6	8	7	7	3	7	8	5	4	6	1	5	6	4
6	0	1	5	7	4	0	6	4	8	4	4	0	6	0
6	8	6	3	0	3	4	5	7	3	2	5	1	1	5

Finde alle möglichen Zerlegungen mit zwei Zahlen.

Finde möglichst viele verschiedene Zerlegungen mit drei Zahlen.

Finde die Zerlegungen mit den meisten Zahlen.

* Beispiellösung

2 Lösungen können sich überschneiden; mehrere Lösungen sind möglich

Zerlegungen der 6 und der 7

zu Schülerbuchseite 27

* **1:** Finde die Fehler. Streiche durch und verbessere.

7			6			7			6		
~~5~~	1	2	~~2~~	2	1	~~4~~	1	3	~~1~~	3	0
4	1	2	3	2	1	3	1	3	3	3	0

2: Finde Zerlegungen der Figur links. Kreise ein und verbinde. Es bleiben Formen übrig.

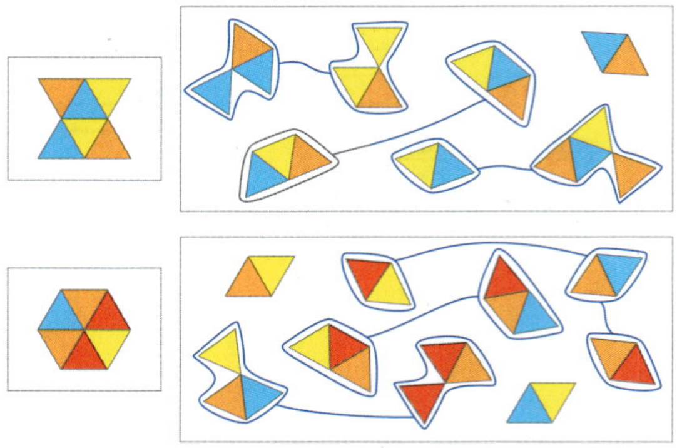

* **3:** Trage ein. Streiche die Zahlenkarten durch.

6	7
1 + 2 + 3	1 + 0 + 6
1 + 4 + 1	5 + 1 + 1
3 + 3 + 0	1 + 4 + 2

Zahlenkarten (durchgestrichen): ~~0~~ ~~0~~ ~~0~~ ~~1~~ ~~1~~ ~~1~~ ~~1~~ ~~1~~ ~~1~~ ~~1~~ ~~2~~ ~~2~~ ~~3~~ ~~3~~ ~~3~~ ~~4~~ ~~4~~ ~~5~~ ~~6~~

1, 3 Mehrere Lösungen sind möglich

* Beispiellösung

Zerlegungen der 8 und der 9

zu Schülerbuchseite 28

1: Finde alle Zerlegungen.
Bei jeder Zerlegung darf jede Zahl nur einmal vorkommen.

8	8
0 + 3 + 5	5 + 2 + 1
0 + 5 + 3	3 + 4 + 1
0 + 6 + 2	2 + 5 + 1
2 + 1 + 5	5 + 0 + 3
2 + 5 + 1	1 + 4 + 3
2 + 6 + 0	0 + 5 + 3
4 + 1 + 3	3 + 0 + 5
4 + 3 + 1	1 + 2 + 5

9	9
0 + 3 + 6	6 + 1 + 2
0 + 6 + 3	3 + 4 + 2
0 + 5 + 4	4 + 3 + 2
0 + 8 + 1	1 + 6 + 2
1 + 2 + 6	6 + 0 + 3
1 + 6 + 2	2 + 4 + 3
1 + 8 + 0	0 + 4 + 5
3 + 1 + 5	5 + 0 + 4
3 + 6 + 0	0 + 5 + 4

2: Setze die richtigen Zahlen ein. Gleiche Formen bedeuten gleiche Zahlen.

9	9	8
■ + ■ + ■	✚ + ✚ + 1	■ + ■ + ◆
■ + ✚ + 2	◆ + ■ + ✚	● + 0 + ◆
✚ + 0 + ▲	6 + ◆ + ♥	● + ♥ + ♥
■ = 3	■ = 3	■ = 3
✚ = 4	◆ = 2	● = 6
▲ = 5	✚ = 4	◆ = 2
	♥ = 1	♥ = 1

Ordnungszahlen bis 10

zu Schülerbuchseiten 30, 31

1: Trage ein.

5. 3. 1.
2. 6. 4.

2: Trage ein.

2. 4. 3. 1.
1. 4. 5. 6. 2. 7. 3.

3: Welche Formen sind verdeckt? Male.

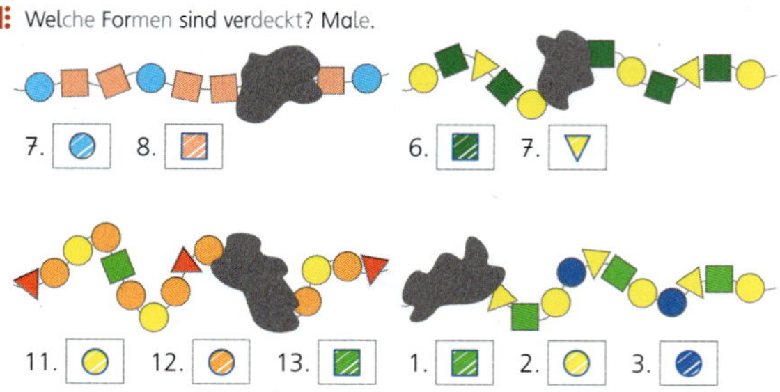

7. 8. 6. 7.
11. 12. 13. 1. 2. 3.

1 Ordnungszahlen zuordnen und eintragen

Geometrische Formen
zu Schülerbuchseite 32

1 Spure nach. Verbinde.

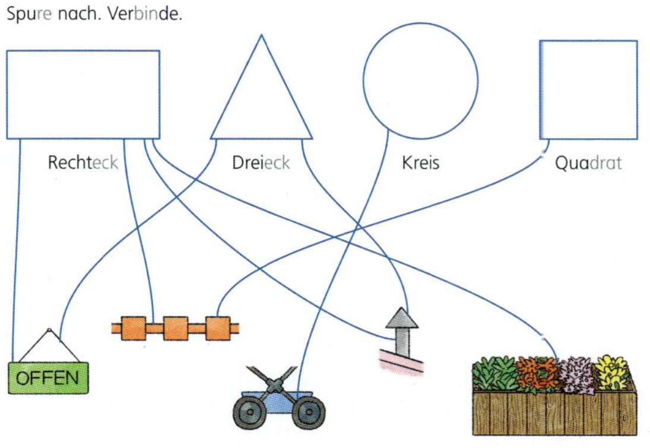

2 Male die Formen je nach Anzahl an. Zähle und trage ein.

lila	blau	gelb	grün	Kreis	Dreieck	Quadrat	Rechteck
4	12	6	7	4	7	6	12

1 Mehrere Verbindungen pro geometrischer Form sind möglich
2 Zum Teil sind mehrere Lösungen möglich

* Beispiellösung

Figuren nachlegen und auslegen
zu Schülerbuchseiten 33, 34

1 Lege nach und zähle.

grünes Dreieck	6
rotes Dreieck	2
blaues Dreieck	0
Kreis	1
Halbkreis	0
lila Rechteck	2
braunes Rechteck	2
gelbes Quadrat	6

* **2** Finde die Lösung. Lege aus.

1, 2 Geoplättchen verwenden
2 Mehrere Lösungen sind möglich

* Beispiellösung

Ornamente und Muster
zu Schülerbuchseiten 37, 38

1 Setze fort.

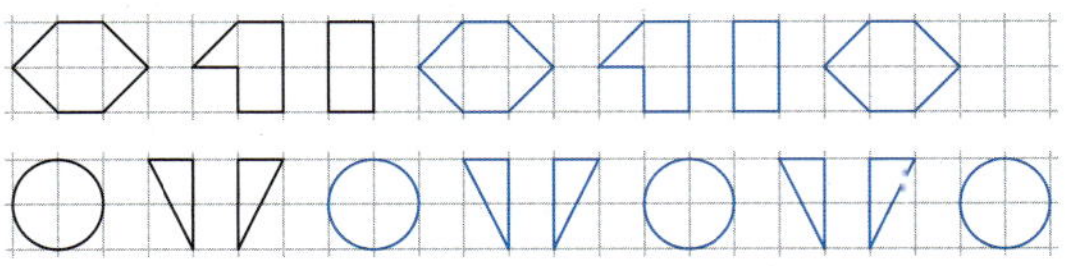

2 Setze fort.

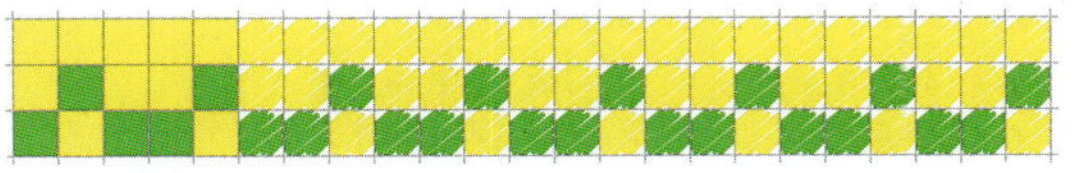

3 Setze fort.

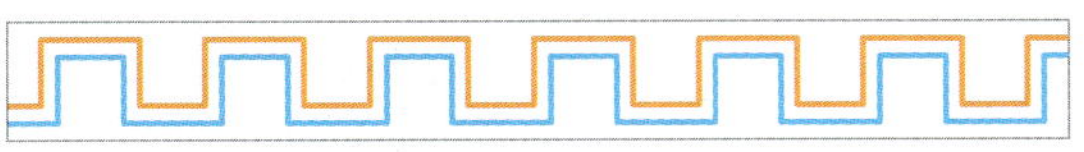

* **4** Erfinde ein eigenes Muster. Male.

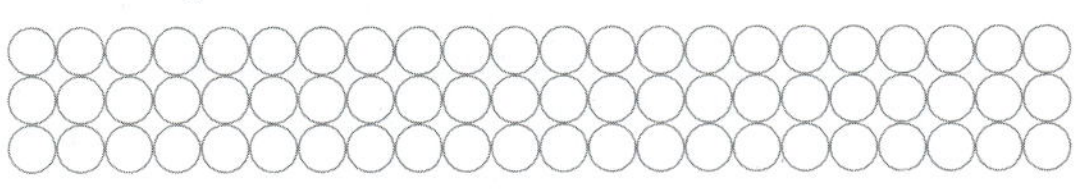

5 Finde die Fehler. Kreise ein.

1 Auf genauen Abstand in Kästchen achten
5 Es gibt 6 Fehler

* Individuelle Lösung

Rechengeschichten zur Addition
zu Schülerbuchseiten 40, 41

1 Male und rechne.

9 + 2 = 11 6 + 7 = 13 8 + 6 = 14

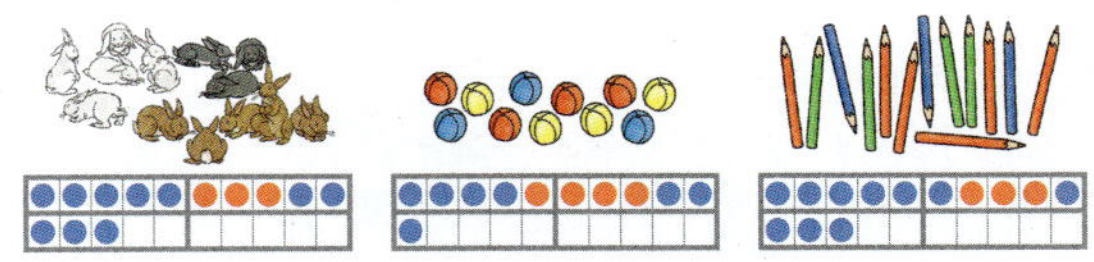

5 + 3 + 5 = 13 4 + 4 + 3 = 11 6 + 3 + 4 = 13

2 Ergänze das Bild. Male und rechne.

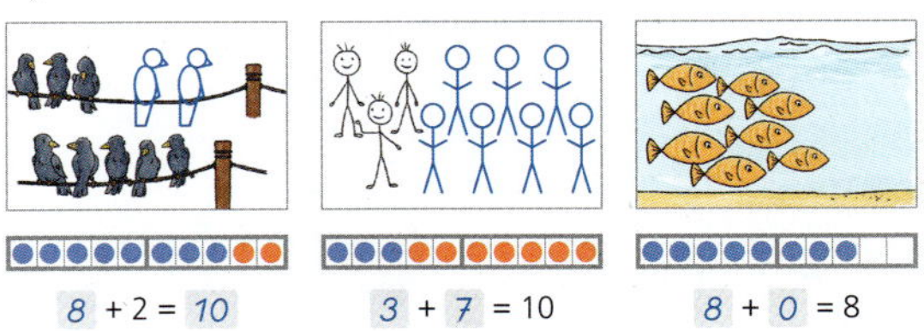

8 + 2 = 10 3 + 7 = 10 8 + 0 = 8

3 Korrigiere die Fehler. Streiche durch. Schreibe die richtige Rechnung darunter.

5 + 6 = ~~12~~ ~~7~~ + 2 = ~~9~~ ~~6~~ + 7 = ~~14~~
5 + 6 = 11 5 + 2 = 7 5 + 7 = 12

Aufgaben Sachsituationen zuordnen

zu Schülerbuchseite 44

1: Entdecke Rechengeschichten. Kreise ein und rechne.

4 + 5 = 9	11 + 8 = 19
3 + 2 = 5	8 + 8 = 16
1 + 7 = 8	8 + 7 = 15
4 + 6 = 10	6 + 6 = 12
12 + 4 = 16	9 + 2 = 11

Addition – schöne Päckchen

zu Schülerbuchseite 45

1: Setze fort und rechne.

4 + 5 = 9	9 + 4 = 13	2 + 4 + 1 = 7
5 + 5 = 10	8 + 4 = 12	2 + 4 + 2 = 8
6 + 5 = 11	7 + 4 = 11	2 + 4 + 3 = 9
7 + 5 = 12	6 + 4 = 10	2 + 4 + 4 = 10
8 + 5 = 13	5 + 4 = 9	2 + 4 + 5 = 11

* **2:** Finde schöne Päckchen.

2 + 1 = 3	5 + 5 = 10	1 + 1 = 2	6 + 6 = 12
2 + 2 = 4	5 + 4 = 9	1 + 3 = 4	6 + 4 = 10
2 + 3 = 5	5 + 3 = 8	1 + 5 = 6	6 + 2 = 8
2 + 4 = 6	5 + 2 = 7	1 + 7 = 8	6 + 0 = 6

3: Welche Ergebnisreihen können zu schönen Päckchen gehören? Kreuze an.

×			×
= 10	= 8	= 2	= 1
= 9	= 7	= 4	= 3
= 8	= 5	= 7	= 5
= 7	= 4	= 9	= 7
= 6	= 3	= 11	= 9

* **4:** Setze die Zahlen so ein, dass ein schönes Päckchen entsteht.

~~11~~ ~~9~~ ~~7~~ ~~1~~ ~~8~~ ~~10~~ ~~10~~ ~~4~~ ~~8~~ ~~2~~ ~~4~~ ~~2~~ ~~6~~ ~~3~~ ~~5~~

1 + 10 = 11
2 + 8 = 10
3 + 6 = 9
4 + 4 = 8
5 + 2 = 7

2 Mehrere Lösungen sind möglich
4 Jede Zahl darf nur einmal verwendet werden; mehrere Lösungen sind möglich

* Beispiellösung

Tauschaufgaben

zu Schülerbuchseiten 46, 47

1. Rechne Aufgabe und Tauschaufgabe.

1 + 8 = 9	4 + 9 = 13	10 + 1 = 11	7 + 6 = 13
8 + 1 = 9	9 + 4 = 13	1 + 10 = 11	6 + 7 = 13
3 + 8 = 11	6 + 9 = 15	6 + 5 = 11	4 + 11 = 15
8 + 3 = 11	9 + 6 = 15	5 + 6 = 11	11 + 4 = 15

* **2:** Finde eigene Aufgaben und Tauschaufgaben.

3 + 5 = 8	4 + 3 = 7	2 + 7 = 9	6 + 4 = 10
5 + 3 = 8	3 + 4 = 7	7 + 2 = 9	4 + 6 = 10
4 + 7 = 11	3 + 9 = 12	5 + 10 = 15	13 + 6 = 19
7 + 4 = 11	9 + 3 = 12	10 + 5 = 15	6 + 13 = 19
1 + 12 = 13	8 + 6 = 14	9 + 7 = 16	12 + 8 = 20
12 + 1 = 13	6 + 8 = 14	7 + 9 = 16	8 + 12 = 20

3: Bilde aus den Zahlen Aufgabe und Tauschaufgabe.

~~5~~ ~~2~~ ~~9~~ ~~5~~ ~~1~~ ~~9~~ ~~7~~ ~~10~~ ~~9~~ ~~12~~ ~~4~~ ~~9~~ ~~12~~ ~~10~~ ~~7~~ ~~5~~ ~~5~~ ~~1~~ ~~4~~ ~~2~~ ~~10~~ ~~10~~ ~~12~~ ~~12~~

4 + 5 = 9	10 + 2 = 12
5 + 4 = 9	2 + 10 = 12
1 + 9 = 10	5 + 7 = 12
9 + 1 = 10	7 + 5 = 12

4: Die Rechnung soll stimmen. Setze Zahlen ein. Nutze die Tauschaufgabe.

5 + 8 = 8 + 5	7 + 6 = 6 + 7	9 + 4 = 4 + 9
3 + 1 = 1 + 3	4 + 8 = 8 + 4	6 + 0 = 0 + 6

* Beispiellösung

2 Mehrere Lösungen sind möglich
3 Jede Zahl darf nur einmal verwendet werden

Ergänzen

zu Schülerbuchseite 48

1: Ergänze.

9 + 1 = 10	3 + 6 = 9	10 = 1 + 9
7 + 5 = 12	8 + 5 = 13	11 = 3 + 8
9 + 0 = 9	8 + 7 = 15	12 = 6 + 6
7 + 5 = 12	5 + 6 = 11	13 = 11 + 2
5 + 9 = 14	9 + 7 = 16	14 = 3 + 11
4 + 9 = 13	10 + 7 = 17	15 = 1 + 14

2: Die Rechnung soll stimmen. Setze Zahlen ein.

5 + 4 = 3 + 6	9 + 4 = 8 + 5
6 + 2 = 4 + 4	6 + 8 = 9 + 5
5 + 5 = 0 + 10	12 + 5 = 10 + 7
4 + 7 = 6 + 5	11 + 4 = 8 + 7
0 + 7 = 3 + 4	12 + 8 = 3 + 17

3: Ergänze.

4 + 3 + 2 = 9	4 + 6 + 3 = 13	9 = 1 + 2 + 6
5 + 4 + 1 = 10	7 + 4 + 1 = 12	14 = 3 + 7 + 4
2 + 3 + 3 = 8	2 + 5 + 6 = 13	12 = 4 + 7 + 1
2 + 2 + 2 = 6	3 + 2 + 10 = 15	15 = 2 + 8 + 5
1 + 0 + 6 = 7	7 + 3 + 8 = 18	17 = 10 + 6 + 1
1 + 3 + 1 = 5	6 + 6 + 2 = 14	16 = 4 + 4 + 8
* 3 + 5 + 3 = 11	* 10 + 5 + 5 = 20	* 19 = 6 + 5 + 8

** **4:** Finde eigene Aufgaben mit 3 Zahlen.

_ + _ + _ = 10	_ + _ + _ = 12	_ + _ + _ = 17
_ + _ + _ = 11	_ + _ + _ = 14	_ + _ + _ = 20

3 Zum Teil sind mehrere Lösungen möglich

* Beispiellösung
** Individuelle Lösung

Rechendreiecke

zu Schülerbuchseite 49

1. Rechne.

11	9	5	6	4	10
9	13	8	1	5	6
12	18	10	2	8	10
12	12	6	6	6	12

2. Rechne.

12	7	4	8	3	11
9	7	2	7	5	12
9	8	3	6	5	11
7	6	6	1	0	1

3: Rechne.

10	11	10	0	1	1
8	8	2	6	6	12
11	9	4	7	5	12
4	9	3	1	6	7

4: Finde die Lösung.

7	9	3	4	6	10
7	8	3	4	5	9
10	14	8	2	6	8
12	11	9	3	2	5

5: Kann das sein? Kreuze an.

9	7	3	6	4	10	☒ ja ○ nein
7	7				7	○ ja ☒ nein

4, 5 Lösungen durch Probieren finden

Rechengeschichten zur Subtraktion

zu Schülerbuchseiten 50, 51

1. Male, streiche durch und rechne.

10 – 3 = 7   12 – 5 = 7   14 – 9 = 5

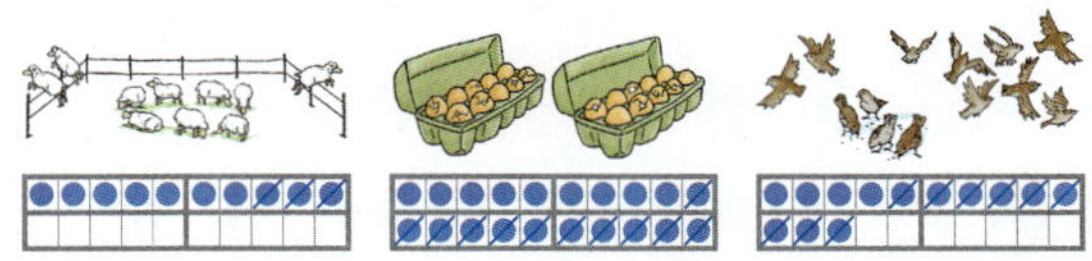

10 – 2 – 1 = 7   20 – 6 – 5 = 9   13 – 2 – 7 = 4

2. Male, streiche durch und rechne.

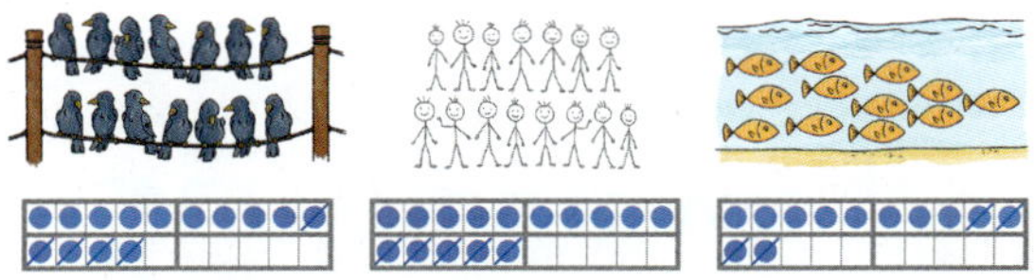

14 – 5 = 9   15 – 5 = 10   12 – 4 = 8

3: Korrigiere die Fehler. Streiche durch. Schreibe die richtige Rechnung darunter.

12 – 5 = ~~6~~   ~~9~~ – 3 = ~~6~~   15 – ~~6~~ = ~~7~~

12 – 5 = 7   11 – 3 = 8   15 – 7 = 8

Aufgaben Sachsituationen zuordnen

zu Schülerbuchseite 54

1: Entdecke Rechengeschichten. Kreise ein und rechne.

17 – 3 = 14   10 – 2 = 8
19 – 7 = 12   7 – 6 = 1
16 – 9 = 7   5 – 2 = 3
15 – 6 = 9   8 – 4 = 4
12 – 3 = 9   6 – 3 = 3

Subtraktion – schöne Päckchen

zu Schülerbuchseite 55

1: Setze fort und rechne.

9 – 5 = 4	15 – 4 = 11	16 – 4 – 1 = 11
10 – 5 = 5	14 – 4 = 10	16 – 4 – 2 = 10
11 – 5 = 6	13 – 4 = 9	16 – 4 – 3 = 9
12 – 5 = 7	12 – 4 = 8	16 – 4 – 4 = 8
13 – 5 = 8	11 – 4 = 7	16 – 4 – 5 = 7

* **2:** Finde schöne Päckchen.

12 – 2 = 10	10 – 8 = 2	20 – 8 = 12
12 – 3 = 9	10 – 6 = 4	20 – 10 = 10
12 – 4 = 8	10 – 4 = 6	20 – 12 = 8
12 – 5 = 7	10 – 2 = 8	20 – 14 = 6

3: Welche Ergebnisreihen können zu schönen Päckchen gehören? Kreuze an.

☒	○	☒	○
= 11	= 17	= 6	= 3
= 9	= 16	= 8	= 4
= 7	= 14	= 10	= 5
= 5	= 13	= 12	= 7
= 3	= 12	= 14	= 8

* **4:** Setze die Zahlen so ein, dass ein schönes Päckchen entsteht.

~~11~~ ~~8~~ ~~1~~ ~~10~~ ~~9~~ ~~10~~ ~~2~~ ~~4~~ ~~4~~ ~~8~~ ~~2~~ ~~3~~ ~~5~~ ~~6~~ ~~7~~

11 – 10 = 1
10 – 8 = 2
9 – 6 = 3
8 – 4 = 4
7 – 2 = 5

2 Mehrere Lösungen sind möglich
4 Jede Zahl darf nur einmal verwendet werden; zum Teil sind mehrere Lösungen möglich

* Beispiellösung

Kombinatorik

zu Schülerbuchseite 56

1: Jede Eistüte soll anders aussehen. Male sie an.

2: Ergänze den Entscheidungsbaum. Male.

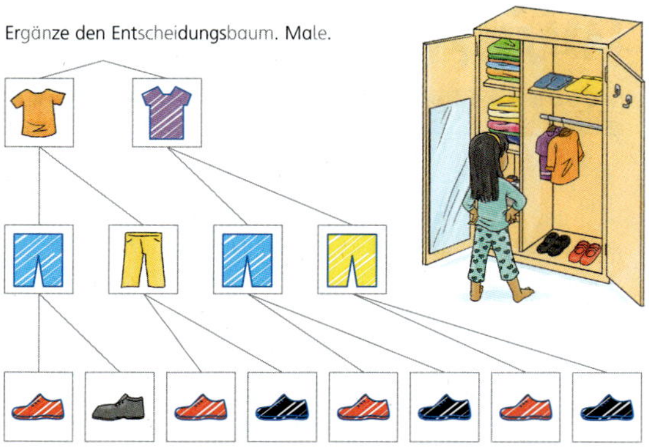

Gemischte Übungen

zu Schülerbuchseite 57

*** 1:** Für welche Zahlen stehen die Formen? Trage ein.

■ − ● = ▲
● + ● + ● = ■
● + 3 = ▲

● = 3
■ = 9
▲ = 6

● + 4 = ▲
▲ − ● = ■ + 2

● = 4
■ = 2
▲ = 8

● + ■ = ▲
■ + ■ = ★
▲ + ■ = 5
★ + ■ = 6

● = 1
■ = 2
▲ = 3
★ = 4

*** 2:** Die Rechnung soll stimmen. Setze Zahlen ein.

1 + 2 = 3
2 + 1 = 3
3 − 2 = 1
3 − 1 = 2

8 − 4 = 6 − 2
4 + 2 = 6
6 − 4 = 2
4 − 2 = 2

2 + 0 = 2
0 + 0 = 0
8 − 0 = 8
6 + 2 = 8

**** 3:** Finde viele Aufgaben mit dem Ergebnis 20.

1–3 Mehrere Lösungen sind möglich

* Beispiellösung
** Individuelle Lösung

Umkehraufgaben

zu Schülerbuchseiten 58, 59

1. Rechne.

8 − 2 = 6
6 + 2 = 8

7 + 1 = 8
8 − 1 = 7

4 + 5 = 9
9 − 5 = 4

2 + 6 = 8
8 − 6 = 2

9 − 6 = 3
3 + 6 = 9

9 + 1 = 10
10 − 1 = 9

2 + 3 = 5
5 − 3 = 2

6 − 4 = 2
2 + 4 = 6

2. Rechne.

18 (+2) 20, (−2)
13 (+4) 17, (−4)
15 (+1) 16, (−1)
17 (+2) 19, (−2)
12 (+3) 15, (−3)
14 (+6) 20, (−6)

3: Rechne.

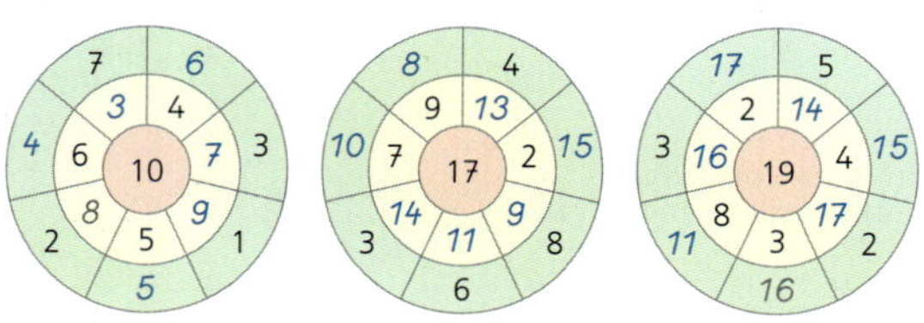

3 Grünes und gelbes Feld addieren, rotes Feld ist das Ergebnis

Rechendreiecke und gemischte Päckchen

zu Schülerbuchseite 61

1. Rechne.

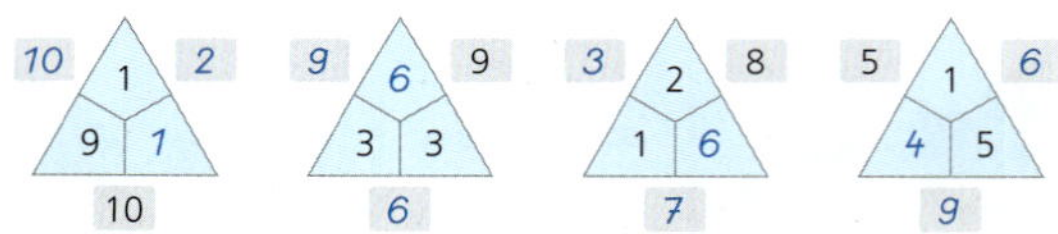

2: Rechne.

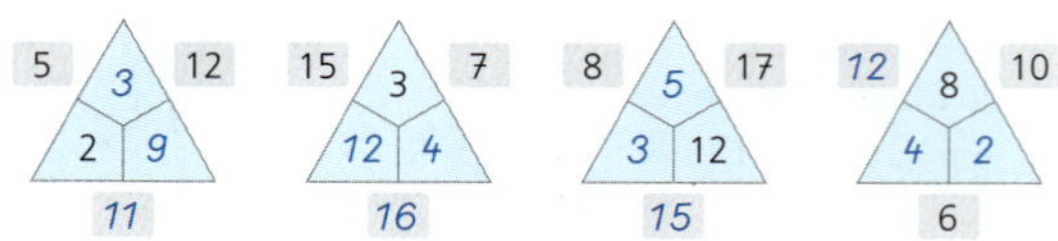

3: Rechne.

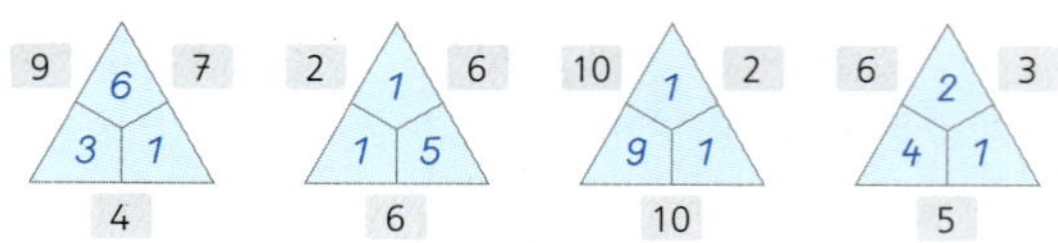

4: Rechne. Stoppe dabei die Zeit.

3 + 5 = 8
7 + 3 = 10
1 + 4 = 5
7 + 2 = 9

8 + 2 = 10
9 + 0 = 9
4 + 3 = 7
3 + 2 = 5

10 + 10 = 20
8 + 10 = 18
17 + 2 = 19
9 + 11 = 20

17 − 7 = 10
12 − 10 = 2
11 − 1 = 10
15 − 2 = 13

Ich habe ___ Minuten gebraucht.

3 Lösung durch Probieren finden

Aufgabenfamilien

zu Schülerbuchseiten 62, 63

1. Rechne die Aufgabenfamilien.

3 4 7	4 10 6	3 9 6	4 0 4
3 + 4 = 7	4 + 6 = 10	3 + 6 = 9	4 + 0 = 4
4 + 3 = 7	6 + 4 = 10	6 + 3 = 9	0 + 4 = 4
7 − 4 = 3	10 − 6 = 4	9 − 6 = 3	4 − 0 = 4
7 − 3 = 4	10 − 4 = 6	9 − 3 = 6	4 − 4 = 0

* **2.** Finde passende Aufgabenfamilien.

3 2 5	1 7 8	8 0 8	10 12 2
3 + 2 = 5	1 + 7 = 8	8 + 0 = 8	10 + 2 = 12
2 + 3 = 5	7 + 1 = 8	0 + 8 = 8	2 + 10 = 12
5 − 2 = 3	8 − 7 = 1	8 − 0 = 8	12 − 2 = 10
5 − 3 = 2	8 − 1 = 7	8 − 8 = 0	12 − 10 = 2

3. Male die Aufgaben einer Aufgabenfamilie gleich an. Rechne.

9 + 1 = 10
15 − 5 = 10
4 + 12 = 16
9 − 7 = 2
16 − 12 = 4
12 + 4 = 16
10 − 1 = 9
10 − 9 = 1
7 + 2 = 9
1 + 9 = 10
5 + 10 = 15
10 + 5 = 15
15 − 10 = 5
16 − 4 = 12
9 − 2 = 7
2 + 7 = 9

* Beispiellösung

2 Fehlende Zahl ermitteln; mehrere Lösungen sind möglich

Rechenmauern

zu Schülerbuchseiten 64, 65

1. Rechne.

- 9 / 3 6 / 1 2 4 / 0 1 1 3
- 8 / 5 3 / 3 2 1 / 1 2 0 1
- 8 / 2 6 / 1 1 5 / 1 0 1 4

2. Rechne.

- 7 / 3 4 / 2 1 3
- 7 / 2 5 / 1 1 4
- 8 / 5 3 / 2 3 0
- 10 / 4 6 / 2 2 4
- 9 / 5 4 / 3 2 2 / 1 2 0 2
- 10 / 5 5 / 3 2 3 / 1 2 0 3
- 6 / 4 2 / 3 1 1 / 2 1 0 1

3. Setze die Mauern richtig zusammen. Streiche durch.

- 8 / 6 2 / 6 0 2 — ~~8~~ ~~2~~ ~~2~~ ~~6~~ ~~0~~ ~~6~~
- 10 / 6 4 / 5 1 3 — ~~6~~ ~~1~~ ~~5~~ ~~3~~ ~~10~~ ~~4~~

4. Schaue genau und rechne.

- 17 10 7 / 7 3 / 4
- 15 9 8 / 6 1 / 5
- * 10 6 2 / 4 4 / 0

4 Zum Teil sind mehrere Lösungen möglich

* Beispiellösung

Gemischte Übungen

zu Schülerbuchseite 66

1. Setze ein: >, < oder =

8 > 7	20 > 10	11 > 8 + 1	8 = 9 − 1
6 > 1	15 > 8	2 < 5 + 2	2 < 14 − 10
4 < 9	13 = 13	4 > 1 + 1	9 > 10 − 4
4 = 4	11 > 2	7 = 3 + 4	5 = 7 − 2
6 > 2	7 < 16	12 > 5 + 5	11 = 20 − 9

2. Rechne.

- 3, 10, 9 — 2, 1, 8
- 7, 2, 7 — 1, 6, 1
- 3, 4, 5 — 1, 2, 3
- 7, 6, 3 — 5, 2, 1

* **3.** Finde passende Lösungen.

- 5 / 3 2 / 1 2 0
- 10 / 4 6 / 3 1 5
- 8 / 2 6 / 0 2 4
- 9 / 7 2 / 7 0 2

4. Finde die Gleichungen. Nutze die Zahlen im Kasten. Es bleiben Zahlen übrig.

~~5~~ ~~2~~ 7 ~~2~~ ~~5~~ → 5 + 2 = 2 + 5

6 2 ~~4~~ ~~4~~ ~~6~~ ~~2~~ → * 4 + 4 = 6 + 2

~~3~~ ~~10~~ ~~3~~ ~~4~~ 7 7 → 10 − 3 = 3 + 4

~~9~~ ~~1~~ 5 ~~5~~ 6 2 ~~3~~ → * 5 + 1 = 9 − 3

* Beispiellösung

2, 3 Lösungen durch Probieren finden
3 Mehrere Lösungen sind möglich
4 Zum Teil sind mehrere Lösungen möglich

Gemischte Übungen

zu Schülerbuchseite 67

1. Rechne. Stoppe dabei die Zeit.

1 + 1 = 2	8 − 1 = 7	15 − 2 = 13	13 − 2 = 11
10 − 5 = 5	1 + 8 = 9	14 + 6 = 20	5 + 11 = 16
4 + 2 = 6	8 + 2 = 10	19 + 1 = 20	18 − 4 = 14
5 − 4 = 1	8 − 2 = 6	16 − 2 = 14	3 + 13 = 16

Ich habe ___ Minuten gebraucht.

2. Rechne.

- 8 / 4 4 / 3 1 3 / 2 1 0 3
- 7 / 4 3 / 3 1 2 / 3 0 1 1
- 10 / 4 6 / 1 3 3 / 0 1 2 1
- 6 / 3 3 / 2 1 2 / 2 0 1 1
- 10 / 5 5 / 3 2 3 / 3 0 2 1
- 9 / 6 3 / 4 2 1 / 3 1 1 0

3. Löse die Rätsel.

3	4	1	2
1	2	3	4
4	3	2	1
2	1	4	3

Die Zahlen 1 bis 4 dürfen nur einmal in einer Zeile, Spalte und in einem 4er-Kästchen vorkommen.

4	2	3	1
3	1	4	2
2	4	1	3
1	3	2	4

3 Sudoku-Rätsel

Daten erfassen – In meiner Klasse

zu Schülerbuchseite 69

1: Zähle, trage ein und male aus.

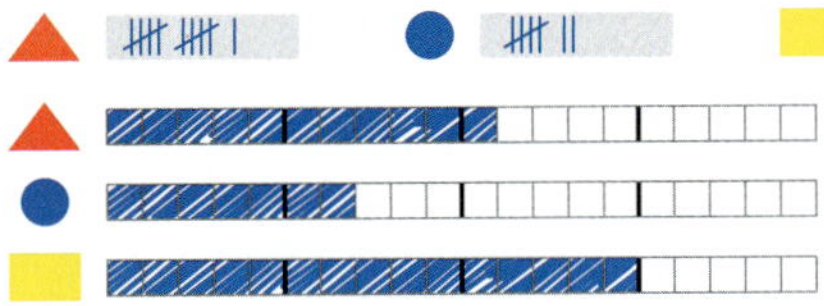

2: Lies die Anzahl der Kinder ab. Trage ein und rechne.

Klasse 1a:

Klasse 1b:

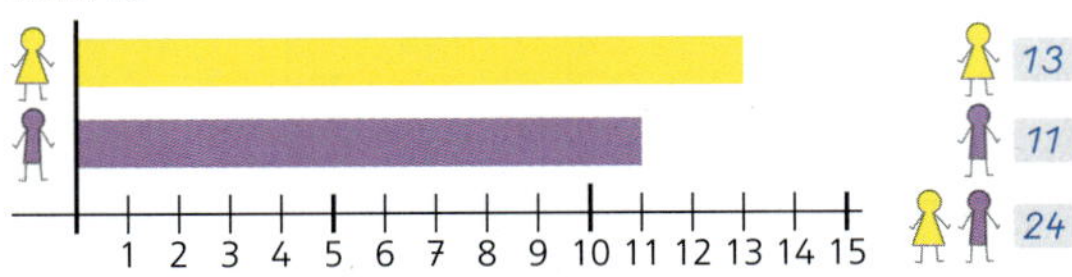

Klasse 1a und 1b zusammen: 23 23 46

46

1 Bei Strichlisten Fünferbündelung berücksichtigen
2 Erst die Anzahl der Mädchen, dann der Jungen, dann die Anzahl aller Kinder in der Klasse zählen

Zehner und Einer – Bündeln

zu Schülerbuchseite 70

1: Immer 10. Bündele und trage ein.

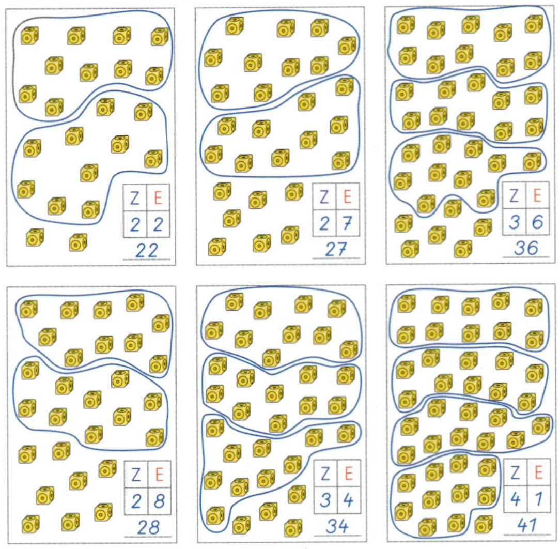

2: Immer 10. Bündele und trage ein.

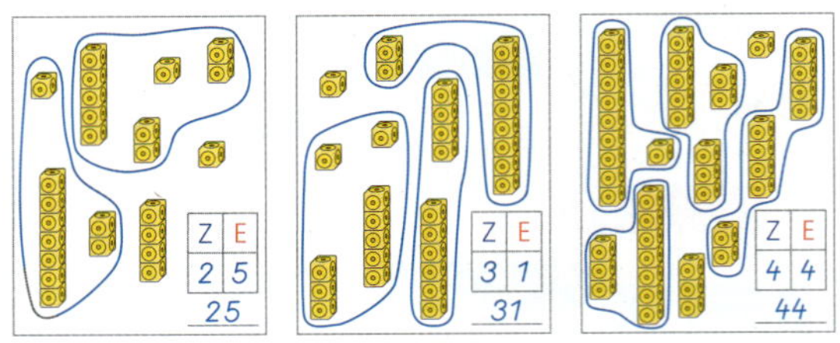

47

Zehner und Einer – Bündeln

zu Schülerbuchseite 71

1: Unter jedem Papierstreifen sind immer 10 Steckwürfel. Trage ein.

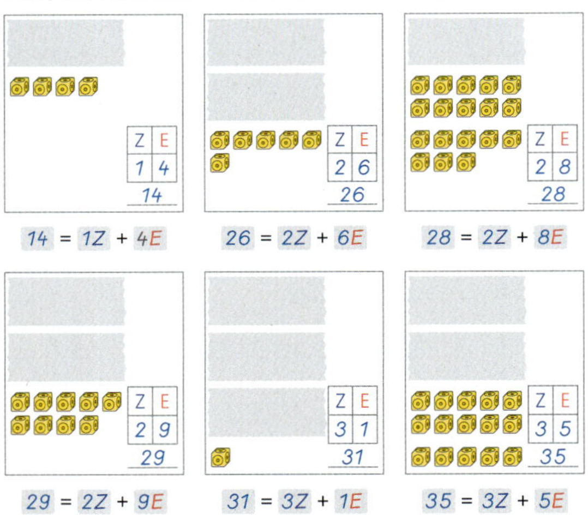

14 = 1Z + 4E | 26 = 2Z + 6E | 28 = 2Z + 8E

29 = 2Z + 9E | 31 = 3Z + 1E | 35 = 3Z + 5E

2: Finde die Fehler und verbessere.

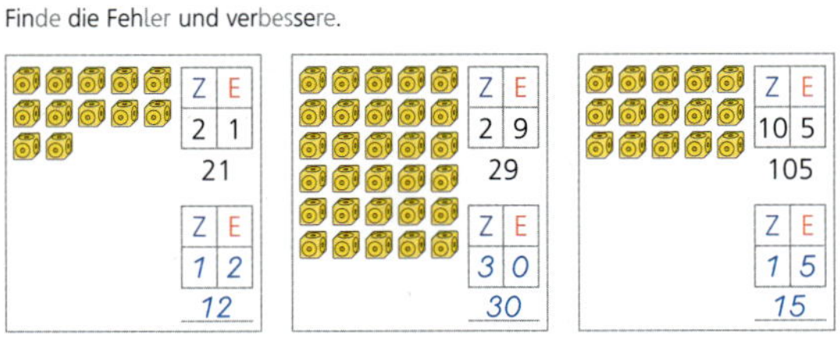

21 = 2Z + 1E | 29 = 2Z + 9E | 105 = 10Z + 5E

12 = 1Z + 2E | 30 = 3Z + 0E | 15 = 1Z + 5E

48

Zahlen im Zwanzigerfeld

zu Schülerbuchseiten 72, 73

* **1:** Bündele und trage ein. Verbinde.

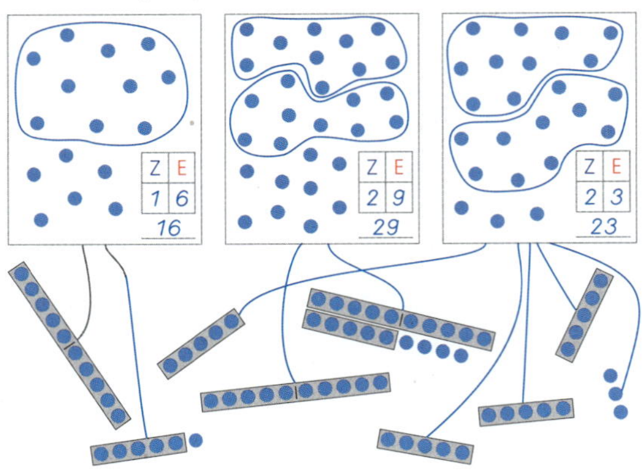

2: Welche Zahlen könnten es sein? Trage alle ein.

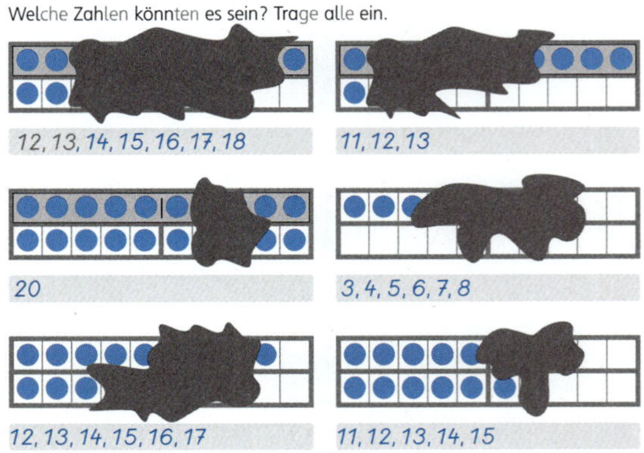

1 Mehrere Verbindungslinien pro Aufgabe

* Beispiellösung

49

Gleichungen und Ungleichungen

zu Schülerbuchseiten 74, 75

1: Finde alle passenden Zahlen. Trage ein.

10 > 5 + ■	■ + 8 < 11	12 < 17 − ■
0, 1, 2, 3, 4	*0, 1, 2*	*0, 1, 2, 3, 4*
19 − ■ > 14	■ − 10 < 4	17 + ■ < 21
0, 1, 2, 3, 4	*10, 11, 12, 13*	*0, 1, 2, 3*

2: Finde alle passenden Zahlen. Trage ein.

10 + 3 < 17 − ■	20 − 11 > 4 + ■	5 + 6 > ■ + 8
0, 1, 2, 3	*0, 1, 2, 3, 4*	*0, 1, 2*
■ − 13 < 9 − 5	7 + ■ < 16 − 4	18 − 5 > ■ + 9
13, 14, 15, 16	*0, 1, 2, 3, 4*	*0, 1, 2, 3*

3: Finde alle passenden Zahlen. Trage ein.

15 < 10 + ■ < 20	14 > 17 − ■ > 9	13 < 11 + ■ < 18
6, 7, 8, 9	*4, 5, 6, 7*	*3, 4, 5, 6*
12 < 11 + ■ < 14	24 > 28 − ■ > 20	19 > 20 − ■ > 14
2	*5, 6, 7*	*2, 3, 4, 5*

***4:** Setze die Zahlen richtig ein.

4 < *10* > *6* < *12* < *17* — ~~17~~ ~~4~~ ~~10~~ ~~12~~ ~~6~~

13 > *9* < *21* > *16* > *14* — ~~14~~ ~~21~~ ~~16~~ ~~9~~ ~~13~~

* Beispiellösung

4 Mehrere Lösungen sind möglich

Zahlenstrahl | Vorgänger – Nachfolger

zu Schülerbuchseiten 76, 77

1: Verbinde.

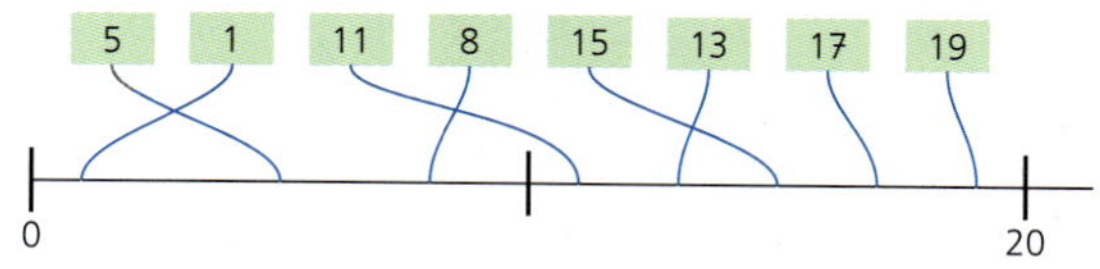

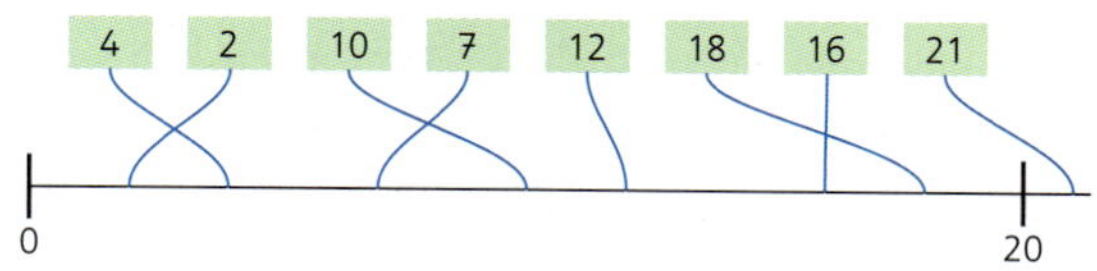

2: Finde die Fehler. Verbessere.

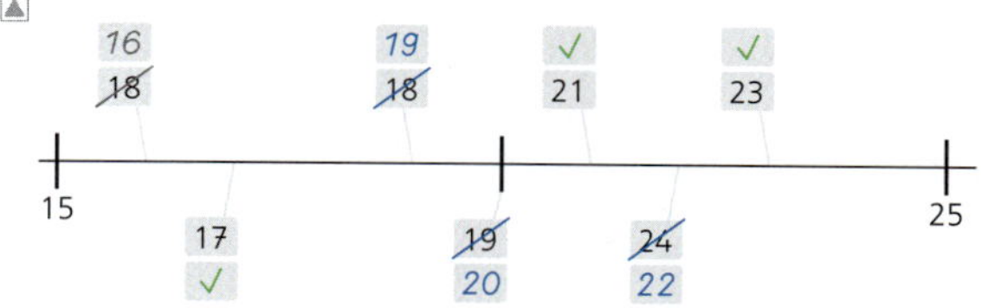

3: Setze die Zahlen richtig ein.

4	5	*6*
16	17	*18*
18	19	*20*
21	22	*23*
23	24	*25*

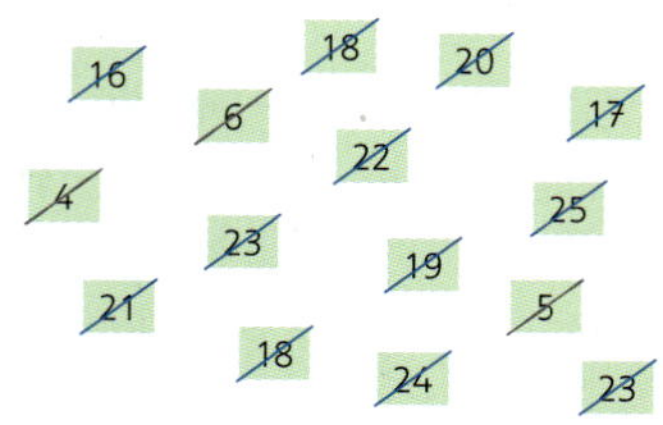

1 Zahlen mit der passenden Stelle auf dem Zahlenstrahl verbinden
3 Vorgänger und Nachfolger eintragen

Ordnungszahlen | Zahlenfolgen

zu Schülerbuchseiten 78, 79

1: Welche Formen sind verdeckt? Male.

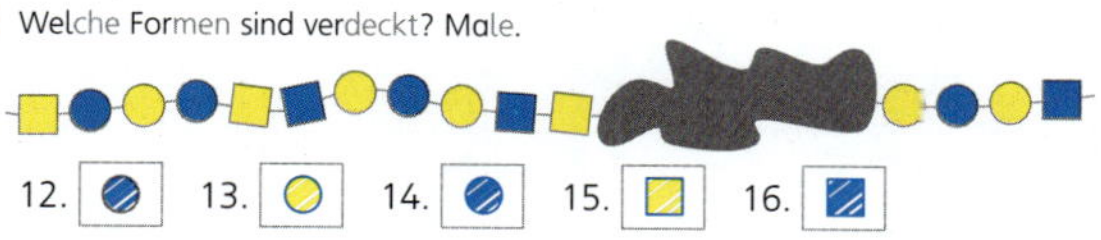

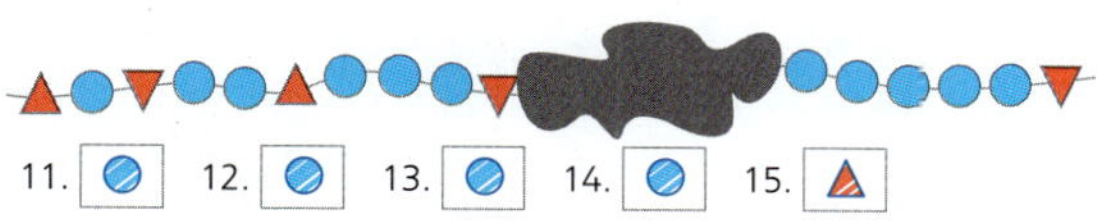

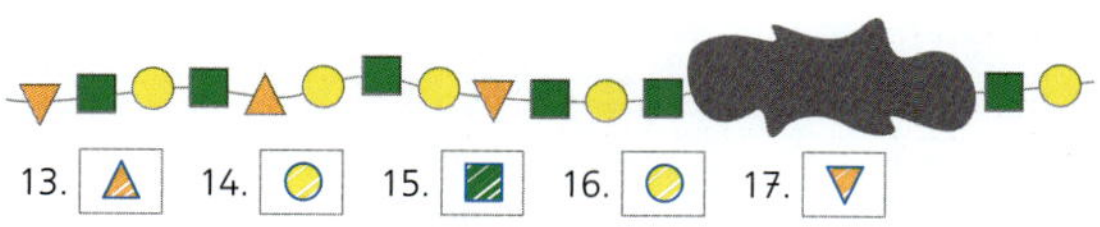

2: Setze fort. Zeichne die Pfeile und male an.

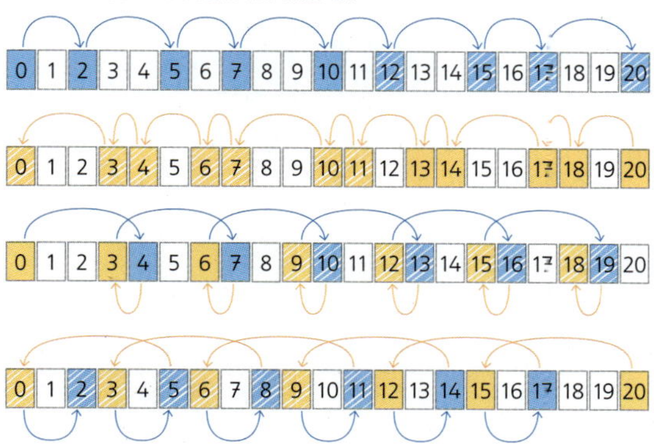

Gemischte Übungen

zu Schülerbuchseite 80

1: Immer 10. Bündele und trage ein.

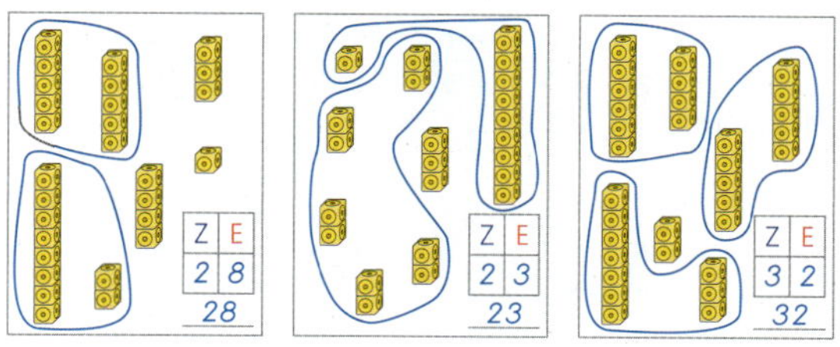

2: Finde alle passenden Zahlen. Trage ein.

10 + 2 < 15 − ■	19 − 9 > 5 + ■	15 > 18 − ■ > 10
0, 1, 2	*0, 1, 2, 3, 4*	*4, 5, 6, 7*

3: Verbinde.

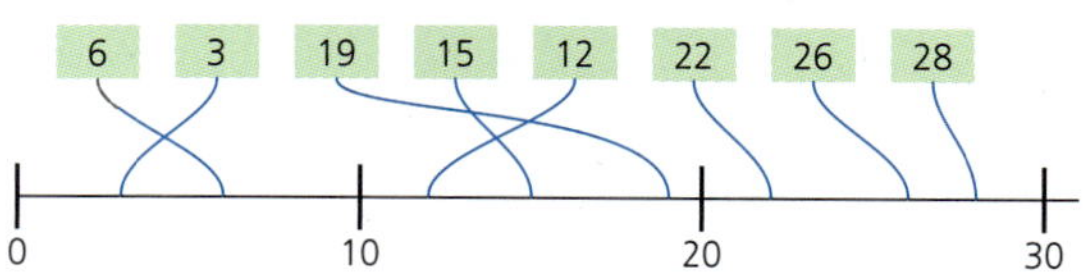

4: Setze fort. Zeichne die Pfeile und male an.

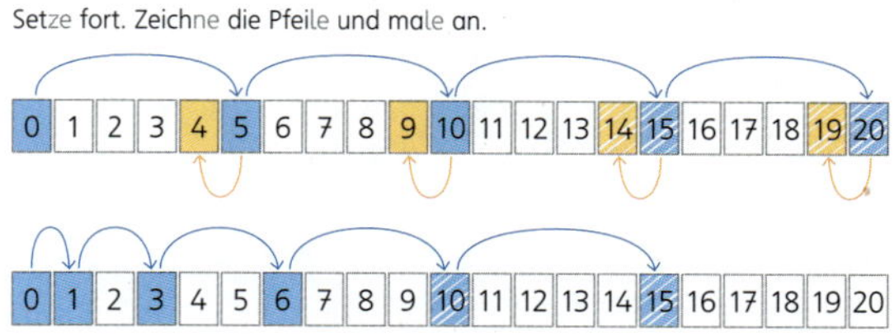

3 Zahlen mit der passenden Stelle auf dem Zahlenstrahl verbinden

Analogieaufgaben

zu Schülerbuchseiten 81, 82

*1. Finde die große Aufgabe. Rechne.

12 + 4 = 16	17 + 1 = 18	15 + 0 = 15	14 + 3 = 17
2 + 4 = 6	7 + 1 = 8	5 + 0 = 5	4 + 3 = 7
18 − 6 = 12	15 − 1 = 14	19 − 7 = 12	16 − 0 = 16
8 − 6 = 2	5 − 1 = 4	9 − 7 = 2	6 − 0 = 6
14 − 1 = 13	17 − 3 = 14	15 − 4 = 11	19 − 2 = 17
4 − 1 = 3	7 − 3 = 4	5 − 4 = 1	9 − 2 = 7

2. Wie weit kommst du? Setze fort. Rechne.

			**
6 + 1 = 7	3 + 5 = 8	4 + 4 = 8	+ =
16 + 1 = 17	13 + 5 = 18	4 + 14 = 18	+ =
26 + 1 = 27	23 + 5 = 28	4 + 24 = 28	+ =
36 + 1 = 37	33 + 5 = 38	4 + 34 = 38	+ =
46 + 1 = 47	43 + 5 = 48	4 + 44 = 48	+ =
56 + 1 = 57	53 + 5 = 58	4 + 54 = 58	+ =
66 + 1 = 67	63 + 5 = 68	4 + 64 = 68	+ =
76 + 1 = 77	73 + 5 = 78	4 + 74 = 78	+ =

3. Rechne. Findest du immer eine kleine Aufgabe?

12 + 1 = 13	17 + 4 = 21	10 + 8 = 18	15 + 7 = 22
2 + 1 = 3	7 + 4 = 11	0 + 8 = 8	5 + 7 = 12
18 − 6 = 12	16 − 4 = 12	11 − 5 = 6	17 − 10 = 7
8 − 6 = 2	6 − 4 = 2	1 − 5 = X	7 − 10 = X
14 − 6 = 8	15 − 8 = 7	12 − 10 = 2	14 − 5 = 9
4 − 6 = X	5 − 8 = X	2 − 10 = X	4 − 5 = X

* Beispiellösung
** Individuelle Lösung
1 Mehrere Lösungen sind möglich
3 Wenn die Rechnung nicht lösbar ist, X eintragen

Rechentabellen

zu Schülerbuchseite 83

1. Rechne.

+	3	5	0	4	7
5	8	10	5	9	12
13	16	18	13	17	20
4	7	9	4	8	11
12	15	17	12	16	19
6	9	11	6	10	13

−	5	1	3	4	7
7	2	6	4	3	0
8	3	7	5	4	1
16	11	15	13	12	9
9	4	8	6	5	2
20	15	19	17	16	13

2. Ergänze und rechne.

+	0	3	1	4
11	11	14	12	15
13	13	16	14	17
6	6	9	7	10

+	3	5	7	2
15	18	20	22	17
3	6	8	10	5
10	13	15	17	12

−	4	0	6	8
17	13	17	11	9
20	16	20	14	12
9	5	9	3	1

−	1	5	4	3
14	13	9	10	11
7	6	2	3	4
8	7	3	4	5

3. Finde die Fehler, korrigiere oder schreibe X.

+	2	10	3	1	7
12	~~13~~ 14	~~20~~ 22	15 ✓	~~11~~ 13	19 ✓
4	6 ✓	14 ✓	~~1~~ 7	5 ✓	~~13~~ 11
8	~~12~~ 10	~~8~~ 18	~~10~~ 11	~~7~~ 9	~~25~~ 15

−	5	11	17	9	8
9	4 ✓	~~8~~ X	~~17~~ X	0 ✓	1 ✓
20	~~6~~ 15	~~10~~ 9	~~13~~ 3	11 ✓	~~2~~ 12
16	~~9~~ 11	~~6~~ 5	~~1~~ X	~~5~~ 7	~~6~~ 8

3 Wenn die Rechnung nicht lösbar ist, X eintragen

Nachbaraufgaben

zu Schülerbuchseite 84

1. Finde die Nachbaraufgaben. Rechne.

5 + 1 = 6	4 + 2 = 6	14 + 1 = 15	13 + 2 = 15
5 + 2 = 7	5 + 2 = 7	14 + 2 = 16	14 + 2 = 16
5 + 3 = 8	6 + 2 = 8	14 + 3 = 17	15 + 2 = 17
6 + 1 = 7	5 + 2 = 7	13 + 3 = 16	12 + 4 = 16
6 + 2 = 8	6 + 2 = 8	13 + 4 = 17	13 + 4 = 17
6 + 3 = 9	7 + 2 = 9	13 + 5 = 18	14 + 4 = 18

2. Finde die Nachbaraufgaben. Rechne.

14 + 0 = 14	13 + 1 = 14	20 + 2 = 22	19 + 3 = 22
14 + 1 = 15	14 + 1 = 15	20 + 3 = 23	20 + 3 = 23
14 + 2 = 16	15 + 1 = 16	20 + 4 = 24	21 + 3 = 24
16 + 3 = 19	15 + 4 = 19	19 + 3 = 22	18 + 4 = 22
16 + 4 = 20	16 + 4 = 20	19 + 4 = 23	19 + 4 = 23
16 + 5 = 21	17 + 4 = 21	19 + 5 = 24	20 + 4 = 24

3. Setze fort. Rechne. Findest du immer eine Rechnung?

6 + 0 = 6	2 + 4 = 6	X + X = X	12 + 3 = 15
6 + 1 = 7	3 + 4 = 7	16 + 0 = 16	13 + 3 = 16
6 + 2 = 8	4 + 4 = 8	16 + 1 = 17	14 + 3 = 17
6 + 3 = 9	5 + 4 = 9	16 + 2 = 18	15 + 3 = 18
6 + 4 = 10	6 + 4 = 10	16 + 3 = 19	16 + 3 = 19
6 + 5 = 11	7 + 4 = 11	16 + 4 = 20	17 + 3 = 20
6 + 6 = 12	8 + 4 = 12	16 + 5 = 21	18 + 3 = 21
6 + 7 = 13	9 + 4 = 13	16 + 6 = 22	19 + 3 = 22
6 + 8 = 14	10 + 4 = 14	16 + 7 = 23	20 + 3 = 23

3 Wenn die Rechnung nicht lösbar ist, X eintragen

Nachbaraufgaben

zu Schülerbuchseite 85

1. Finde die Nachbaraufgaben. Rechne.

5 − 2 = 3	4 − 3 = 1	14 − 1 = 13	13 − 2 = 11
5 − 3 = 2	5 − 3 = 2	14 − 2 = 12	14 − 2 = 12
5 − 4 = 1	6 − 3 = 3	14 − 3 = 11	15 − 2 = 13
9 − 3 = 6	8 − 4 = 4	18 − 5 = 13	17 − 6 = 11
9 − 4 = 5	9 − 4 = 5	18 − 6 = 12	18 − 6 = 12
9 − 5 = 4	10 − 4 = 6	18 − 7 = 11	19 − 6 = 13

2. Finde die Nachbaraufgaben. Rechne.

14 − 9 = 5	13 − 10 = 3	20 − 18 = 2	19 − 19 = 0
14 − 10 = 4	14 − 10 = 4	20 − 19 = 1	20 − 19 = 1
14 − 11 = 3	15 − 10 = 5	20 − 20 = 0	21 − 19 = 2
15 − 4 = 11	14 − 5 = 9	19 − 10 = 9	18 − 11 = 7
15 − 5 = 10	15 − 5 = 10	19 − 11 = 8	19 − 11 = 8
15 − 6 = 9	16 − 5 = 11	19 − 12 = 7	20 − 11 = 9

3. Setze fort. Rechne. Findest du immer eine Rechnung?

13 − 0 = 13	9 − 4 = 5	11 − 4 = 7	X − X = X
13 − 1 = 12	10 − 4 = 6	11 − 5 = 6	8 − 8 = 0
13 − 2 = 11	11 − 4 = 7	11 − 6 = 5	9 − 8 = 1
13 − 3 = 10	12 − 4 = 8	11 − 7 = 4	10 − 8 = 2
13 − 4 = 9	13 − 4 = 9	11 − 8 = 3	11 − 8 = 3
13 − 5 = 8	14 − 4 = 10	11 − 9 = 2	12 − 8 = 4
13 − 6 = 7	15 − 4 = 11	11 − 10 = 1	13 − 8 = 5
13 − 7 = 6	16 − 4 = 12	11 − 11 = 0	14 − 8 = 6
13 − 8 = 5	17 − 4 = 13	X − X = X	15 − 8 = 7

3 Wenn die Rechnung nicht lösbar ist, X eintragen

Geld – Cent
zu Schülerbuchseiten 86, 87

1. Trage ein.

20 ct, 5 ct → 25 ct
20 ct, 2 ct, 1 ct → 23 ct
20 ct, 20 ct → 40 ct

2: Immer 7 ct. Finde alle Möglichkeiten. Male.

5 ct, 2 ct → 7 ct
5 ct, 1 ct, 1 ct → 7 ct
1 ct, 1 ct, 1 ct, 1 ct, 1 ct, 1 ct, 1 ct → 7 ct
2 ct, 2 ct, 2 ct, 1 ct → 7 ct
2 ct, 1 ct, 1 ct, 1 ct, 1 ct, 1 ct → 7 ct
2 ct, 2 ct, 1 ct, 1 ct, 1 ct → 7 ct

3: Was kannst du mit drei Münzen legen? Kreuze an.

× 13 ct	× 9 ct	18 ct	× 16 ct
× 20 ct	× 4 ct	× 15 ct	19 ct

Geld – Euro
zu Schülerbuchseiten 88, 89

1. Trage ein.

10 €, 1 €, 5 €, 5 €, 1 € → 22 €
5 €, 2 €, 2 €, 5 €, 2 € → 16 €
1 €, 5 €, 1 €, 20 € → 27 €

2: Wie viele Münzen brauchst du mindestens? Verwende keine Scheine.

30 ct → 2 Münzen	27 ct → 3 Münzen	9 € → 5 Münzen
39 ct → 5 Münzen	17 ct → 3 Münzen	15 € → 8 Münzen
44 ct → 4 Münzen	51 ct → 2 Münzen	22 € → 11 Münzen

3: Bestimme die Preise.

Geld – Cent und Euro
zu Schülerbuchseiten 88, 89

1: Trage ein.

1 €, 2 €, 20 ct → 3 € 20 ct
2 €, 5 €, 1 €, 5 ct → 8 € 5 ct
1 €, 10 ct, 1 €, 10 €, 1 ct → 12 € 11 ct

2: Verbinde gleiche Beträge.

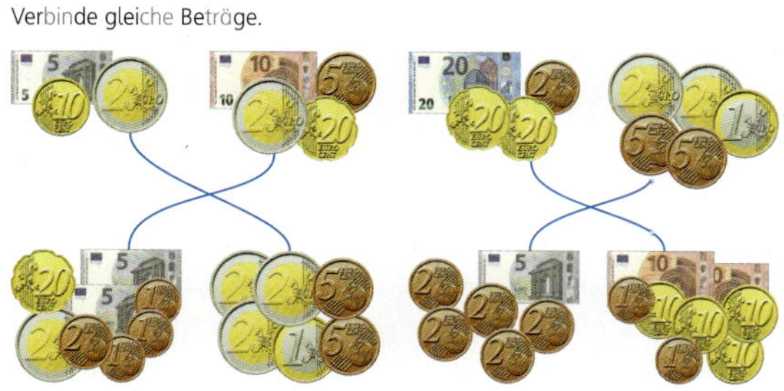

* **3:** Kreise ein.

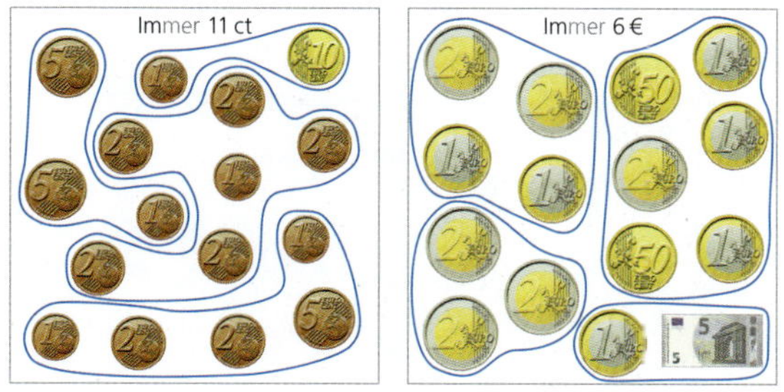

* Beispiellösung

1 Zum Teil sind mehrere Lösungen möglich
3 Mehrere Lösungen sind möglich

Geld – Einkaufen und bezahlen
zu Schülerbuchseiten 90, 91

1: Lege mit so wenig Münzen und Scheinen wie möglich. Male und rechne.

18 €: 10 €, 5 €, 2 €, 1 €
7 €: 5 €, 2 €
19 €: 10 €, 5 €, 2 €, 2 €
2 € + 2 € + 4 € = 8 €: 5 €, 2 €, 1 €
16 € + 3 € + 3 € = 22 €: 20 €, 2 €
12 € + 7 € + 5 € = 24 €: 20 €, 2 €, 2 €

2: Wie viel Geld haben die Kinder?

Emma hat 17 €. Tim hat 24 €. Hanna hat 20 €.
Mira hat 20 €. Max hat 22 €.

Oben, unten – links, rechts

zu Schülerbuchseite 93

1. Wo sind die Gegenstände im Bild? Kreuze an.

- Stuhl: ○ oben, ☒ unten
- Baum: ○ oben, ☒ unten
- Lampe: ○ oben, ☒ unten
- Computer: ☒ oben, ○ unten

2: Wo sind die Gegenstände im Bild? Kreuze an.

- Sofa: ☒ oben, ○ unten, ○ rechts, ○ links, ☒ mittig
- Fahrrad: ○ oben, ☒ unten, ☒ rechts, ○ links, ○ mittig
- Kühlschrank: ☒ oben, ○ unten, ☒ rechts, ○ links, ○ mittig
- Sonnenschirm: ☒ oben, ○ unten, ○ rechts, ☒ links, ○ mittig

* **3:** Zeichne im Bild oben an der richtigen Stelle ein.

- Ball: ☒ oben, ○ unten, ○ rechts, ☒ links
- Bild: ○ oben, ☒ unten, ☒ rechts, ○ links
- Ente: ○ oben, ☒ unten, ○ rechts, ☒ links
- Apfel: ☒ oben, ○ unten, ☒ rechts, ○ links

* Beispiellösung

2 Je zwei Antworten ankreuzen (oben/unten und rechts/links/mittig)
3 Mehrere Lösungen sind möglich

Achsensymmetrie | Spiegeln

zu Schülerbuchseiten 95, 97

1: Finde 12 Fehler im rechten Spiegelbild. Kreise ein.

2: Was kannst du aus dem Bild mit dem Spiegel darstellen? Kreuze an.

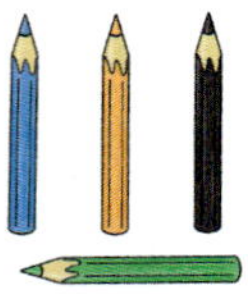

- ☒ 6 Stifte
- ○ 9 Stifte
- ○ 2 , 2 und 2
- ☒ (zwei liegende Stifte)
- ☒ 2 und 1
- ☒ 1 Stift

1 Ggf. mit dem Spiegel kontrollieren
2 Spiegel verwenden

Verdoppeln und Halbieren

zu Schülerbuchseiten 98–101

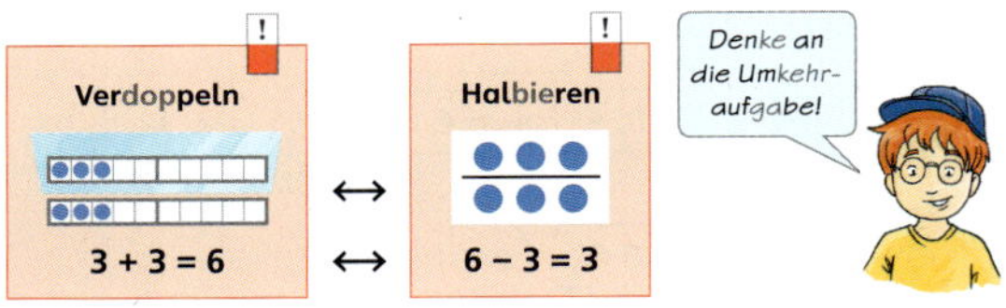

1: Rechne.

1 + 1 = 2 ↔ 2 – 1 = 1
2 + 2 = 4 ↔ 4 – 2 = 2
3 + 3 = 6 ↔ 6 – 3 = 3
4 + 4 = 8 ↔ 8 – 4 = 4

20 – 10 = 10 ↔ 10 + 10 = 20
16 – 8 = 8 ↔ 8 + 8 = 16
12 – 6 = 6 ↔ 6 + 6 = 12
14 – 7 = 7 ↔ 7 + 7 = 14

2: Halbiere und rechne.

12 = 6 + 6	10 – 5 = 5	6 + 6 = 12	10 – 5 = 5
14 = 7 + 7	8 – 4 = 4	10 + 10 = 20	2 – 1 = 1
16 = 8 + 8	6 – 3 = 3	9 + 9 = 18	18 – 9 = 9
18 = 9 + 9	4 – 2 = 2	5 + 5 = 10	4 – 2 = 2
20 = 10 + 10	2 – 1 = 1	8 + 8 = 16	12 – 6 = 6

3: Löse die Zahlenrätsel.

gedachte Zahl: 7

gedachte Zahl: 14

1 Halbieren und Verdoppeln als Umkehraufgabe verstehen
2 Halbierungen auf unterschiedliche Arten in Gleichungen darstellen

Gerade und ungerade Zahlen

zu Schülerbuchseite 102

1: Ordne die Zahlen zu. Schreibe gerade Zahlen blau und ungerade Zahlen rot.

~~14~~ ~~22~~ ~~19~~ ~~24~~ ~~17~~ ~~21~~ ~~26~~ ~~12~~
~~20~~ ~~13~~ ~~18~~ ~~15~~ ~~25~~ ~~23~~ ~~16~~

Gerade Zahlen
14, 22, 24, 26, 12, 20, 18, 16

Ungerade Zahlen
19, 17, 21, 13, 15, 25, 23

* **2:** Zwei ungerade Zahlen ergeben zusammen 20. Trage ein und rechne.

1 + 19 = 20	7 + 13 = 20	13 + 7 = 20
3 + 17 = 20	9 + 11 = 20	15 + 5 = 20
5 + 15 = 20	11 + 9 = 20	17 + 3 = 20

3: Zwei Zahlen ergeben zusammen eine ungerade Zahl. Trage ein und rechne.

10 + 3 = 13	11 + 2 = 13	1 + 14 = 15
8 + 5 = 13	9 + 4 = 13	* 3 + 12 = 15
6 + 7 = 13	* 7 + 6 = 13	* 5 + 10 = 15
* 4 + 9 = 13	* 5 + 8 = 13	* 7 + 8 = 15

** **4:** Die meisten Plusaufgaben ergeben eine gerade Zahl.
Stimmt das? Kreuze an.

☒ ja ○ nein

___ + ___ = ___	___ + ___ = ___	___ + ___ = ___
___ + ___ = ___	___ + ___ = ___	___ + ___ = ___
___ + ___ = ___	___ + ___ = ___	___ + ___ = ___
___ + ___ = ___	___ + ___ = ___	___ + ___ = ___

2 Zur Summe passende Summanden finden; mehrere Lösungen sind möglich
3 Zur Summe passende Summanden finden; zum Teil sind mehrere Lösungen möglich
4 Ggf. mit Rechnungen ausprobieren; mehrere Lösungen sind möglich

* Beispiellösung
** Individuelle Lösung

Addition mit Zehnerübergang – Ergänzen

zu Schülerbuchseite 104

1: Rechne.

6 + 8 = 14 | 6 + 4 + 4 = 14
6 + 9 = 15 | 6 + 4 + 5 = 15
8 + 4 = 12 | 8 + 2 + 2 = 12
7 + 4 = 11 | 7 + 3 + 1 = 11
5 + 6 = 11 | 5 + 5 + 1 = 11
4 + 9 = 13 | 4 + 6 + 3 = 13

2: Rechne.

7 + 4 = 11
7 + 5 = 12
7 + 7 = 14
7 + 9 = 16

8 + 4 = 12
8 + 6 = 14
8 + 7 = 15
8 + 10 = 18

9 + 3 = 12
9 + 5 = 14
9 + 7 = 16
9 + 10 = 19

4 + 6 = 10
4 + 8 = 12
4 + 9 = 13
4 + 11 = 15

3 + 8 = 11
3 + 10 = 13
3 + 12 = 15
3 + 15 = 18

5 + 6 = 11
5 + 8 = 13
5 + 10 = 15
5 + 14 = 19

* **3: Finde passende Aufgaben.**

3 + 11 = 14
6 + 8 = 14
12 + 2 = 14

4 + 13 = 17
8 + 9 = 17
14 + 3 = 17

7 + 4 = 11
6 + 5 = 11
10 + 1 = 11

5 + 11 = 16
7 + 9 = 16
13 + 3 = 16

6 + 13 = 19
9 + 10 = 19
15 + 4 = 19

9 + 4 = 13
5 + 8 = 13
11 + 2 = 13

8 + 7 = 15
4 + 11 = 15
13 + 2 = 15

1 + 17 = 18
7 + 11 = 18
14 + 4 = 18

9 + 16 = 25
12 + 13 = 25
21 + 4 = 25

* Beispiellösung

3 Mehrere Lösungen sind möglich

Addition mit Zehnerübergang – Ergänzen

zu Schülerbuchseite 105

1: Rechne.

7 + 5 = 12 | 7 + 3 + 2 = 12
8 + 3 = 11 | 8 + 2 + 1 = 11
8 + 8 = 16 | 8 + 2 + 6 = 16
9 + 7 = 16 | 9 + 1 + 6 = 16
7 + 8 = 15 | 7 + 3 + 5 = 15
9 + 5 = 14 | 9 + 1 + 4 = 14

2: Rechne.

9 + 8 = 17
5 + 8 = 13
7 + 8 = 15
3 + 8 = 11

5 + 6 = 11
4 + 6 = 10
7 + 6 = 13
9 + 6 = 15

7 + 7 = 14
5 + 7 = 12
4 + 7 = 11
9 + 7 = 16

4 + 5 = 9
9 + 5 = 14
8 + 5 = 13
7 + 5 = 12

3 + 9 = 12
6 + 9 = 15
8 + 9 = 17
9 + 9 = 18

8 + 4 = 12
7 + 4 = 11
9 + 4 = 13
6 + 4 = 10

3: Ergänze.

9 + 7 + 1 = 17
8 + 6 + 2 = 16
7 + 5 + 3 = 15

8 + 6 + 2 = 16
7 + 4 + 3 = 14
6 + 2 + 4 = 12

3 + 8 + 2 = 13
2 + 6 + 4 = 12
* 7 + 4 + 6 = 17

* **4: Finde drei Plusaufgaben, sodass jede Zahl genau einmal vorkommt.**

3, 11, 8, 2, 9, 13, 10, 4, 12

3 + 8 = 11
9 + 4 = 13
2 + 10 = 12

3 Zum Teil sind mehrere Lösungen möglich
4 Mehrere Lösungen sind möglich

* Beispiellösung

Addition – Kraft der 5 | Nähe zur 10

zu Schülerbuchseiten 106, 107

Kraft der 5 !

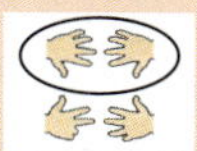

8 + 9 = 17
10 + 3 + 4 = 17

8 + 9 = 17

Nähe zur 10 !

8 + 9 = 17
1 weniger ↑
8 + 10 = 18

* **1: Rechne auf deinem Weg.**

9 + 8 = 17
5 + 7 = 12
6 + 5 = 11
6 + 9 = 15
8 + 7 = 15
5 + 8 = 13

2: Rechne.

+	2	5	9
5	7	10	14
10	12	15	19
6	8	11	15
7	9	12	16
9	11	14	18
8	10	13	17

+	3	6	8
8	11	14	16
10	13	16	18
7	10	13	15
9	12	15	17
6	9	12	14
11	14	17	19

+	4	7	10
5	9	12	15
6	10	13	16
7	11	14	17
10	14	17	20
11	15	18	21
12	16	19	22

* Individueller Lösungsweg

1 Mehrere Lösungswege sind möglich

Addition mit Zehnerübergang – Verdoppeln

zu Schülerbuchseite 108

1: Rechne.

5 + 6 = 11 | 5 + 5 = 10
6 + 7 = 13 | 6 + 6 = 12
7 + 8 = 15 | 7 + 7 = 14
9 + 8 = 17 | 8 + 8 = 16
8 + 7 = 15 | 7 + 7 = 14
8 + 9 = 17 | 8 + 8 = 16

2: Welcher Rechenweg hilft dir? Verbinde und rechne.

6 + 5 = 11
9 + 7 = 16
7 + 8 = 15
9 + 5 = 14
7 + 6 = 13

5 + 5
7 + 7
10 + 7
6 + 6
10 + 5

3 + 8 = 11
6 + 7 = 13
8 + 9 = 17
9 + 8 = 17
4 + 7 = 11

3 + 7
8 + 8
6 + 6
4 + 6
10 + 8

3: Wie löst du die Aufgabe? Verbinde und rechne.

9 + 5
9 + 1 + 4 = 14
10 + 5 − 1 = 14
10 + 4 + 0 = 14

Zur 10, dann weiter
Kraft der 5
Verdoppeln
Nähe zur 10

6 + 7
6 + 4 + 3 = 13
6 + 6 + 1 = 13
10 + 1 + 2 = 13

* **4: Finde Lösungen mit dem Zielstein 20.**

20
10 | 10
5 | 5 | 5

20
12 | 8
7 | 5 | 3

20
9 | 11
4 | 5 | 6

4 Mehrere Lösungen sind möglich

* Beispiellösung

Subtraktion – schrittweise unter die 10

zu Schülerbuchseite 110

1: Rechne.

12 − 9 = 3
12 − 2 − 7 = 3

14 − 5 = 9
14 − 4 − 1 = 9

15 − 8 = 7
15 − 5 − 3 = 7

13 − 7 = 6
13 − 3 − 4 = 6

16 − 8 = 8
16 − 6 − 2 = 8

12 − 7 = 5
12 − 2 − 5 = 5

2: Rechne.

13 − 4 = 9
13 − 6 = 7
13 − 8 = 5
13 − 5 = 8

17 − 8 = 9
17 − 10 = 7
17 − 9 = 8
17 − 7 = 10

12 − 7 = 5
12 − 6 = 6
12 − 5 = 7
12 − 4 = 8

16 − 10 = 6
16 − 8 = 8
16 − 7 = 9
16 − 9 = 7

15 − 7 = 8
15 − 5 = 10
15 − 8 = 7
15 − 6 = 9

11 − 3 = 8
11 − 4 = 7
11 − 5 = 6
11 − 6 = 5

* **3:** Finde passende Aufgaben.

14 − 6 = 8
18 − 10 = 8
17 − 9 = 8

11 − 2 = 9
12 − 3 = 9
14 − 5 = 9

13 − 7 = 6
14 − 8 = 6
15 − 9 = 6

14 − 7 = 7
17 − 10 = 7
12 − 5 = 7

14 − 9 = 5
15 − 10 = 5
13 − 8 = 5

11 − 7 = 4
12 − 8 = 4
13 − 9 = 4

11 − 8 = 3
12 − 9 = 3
13 − 10 = 3

11 − 1 = 10
14 − 4 = 10
18 − 8 = 10

11 − 9 = 2
12 − 10 = 2
13 − 11 = 2

* Beispiellösung

3 Mehrere Lösungen sind möglich

Subtraktion – schrittweise unter die 10

zu Schülerbuchseite 111

1: Rechne.

13 − 9 = 4
13 − 3 − 6 = 4

14 − 8 = 6
14 − 4 − 4 = 6

11 − 7 = 4
11 − 1 − 6 = 4

14 − 9 = 5
14 − 4 − 5 = 5

15 − 9 = 6
15 − 5 − 4 = 6

18 − 9 = 9
18 − 8 − 1 = 9

2: Rechne.

12 − 8 = 4
11 − 6 = 5
15 − 6 = 9
14 − 9 = 5

11 − 3 = 8
14 − 8 = 6
12 − 9 = 3
11 − 4 = 7

17 − 8 = 9
13 − 5 = 8
14 − 5 = 9
12 − 4 = 8

16 − 10 = 6
19 − 10 = 9
13 − 10 = 3
20 − 10 = 10

15 − 2 = 13
16 − 5 = 11
17 − 3 = 14
19 − 6 = 13

16 − 11 = 5
18 − 14 = 4
15 − 15 = 0
13 − 12 = 1

3: Rechne.

Pyramide 1: 11 / 3 | 8 / 2 | 1 | 7

Pyramide 2: 15 / 9 | 6 / 8 | 1 | 5

Pyramide 3: 13 / 7 | 6 / 4 | 3 | 3

4: Rechne.

Pyramide 1: 16 / 8 | 8 / 7 | 1 | 7 / 7 | 0 | 1 | 6

Pyramide 2: 20 / 9 | 11 / 4 | 5 | 6 / 3 | 1 | 4 | 2

Pyramide 3: 12 / 7 | 5 / 5 | 2 | 3 / 4 | 1 | 1 | 2

Subtraktion mit Zehnerübergang – Nähe zur 10

zu Schülerbuchseite 112

Zur 10, dann weiter
14 − 9 = 5
14 − 4 − 5 = 5

14 − 9 = 5

Nähe zur 10
14 − 9 = 5
1 mehr
14 − 10 = 4

* **1:** Rechne auf deinem Weg.

16 − 9 = 7

13 − 5 = 8

14 − 7 = 7

12 − 9 = 3

11 − 6 = 5

17 − 9 = 8

2: Löse die Zahlenrätsel.

gedachte Zahl: 15

gedachte Zahl: 13

* Individueller Lösungsweg

1 Mehrere Lösungswege sind möglich

Übungen zur Addition und Subtraktion

zu Schülerbuchseite 114

1: Setze fort und rechne.

6 + 6 = 12
6 + 7 = 13
6 + 8 = 14
6 + 9 = 15

15 − 5 = 10
15 − 6 = 9
15 − 7 = 8
15 − 8 = 7

14 − 7 = 7
15 − 7 = 8
16 − 8 = 8
17 − 8 = 9

2: Rechne.

links	rechts	unten	innen oben	innen links	innen rechts
10	10	10	5	5	5
12	12	14	5	7	7
11	10	15	3	8	7
19	14	7	13	6	1
13	13	18	4	9	9
14	18	8	12	2	6

* (leeres Rechendreieck)

* (leeres Rechendreieck)

3: Setze + oder − ein. Rechne.

−	5	10
17	12	7
18	13	8
20	15	10

+	6	10
6	12	16
4	10	14
2	8	12

−	6	10
13	7	3
12	6	2
20	14	10

−	15	9
20	5	11
18	3	9
16	1	7

** **4:** Die Rechnung soll stimmen. Setze Ziffern ein.

3 + 6 = 9
6 − 3 = 3
6 + 6 = 12

1 + 3 = 4
3 + 3 = 6
1 + 5 = 6

10 + 4 = 14
8 − 4 = 4
8 + 8 = 16

2 Zum Teil sind mehrere Lösungen möglich
4 Mehrere Lösungen sind möglich

* Individuelle Lösung
** Beispiellösung

Sachrechnen

zu Schülerbuchseiten 115, 116

1: Male und rechne.

Im Zoo leben 8 Zebras. In der letzten Woche wurden 5 Junge geboren.

F: Wie viele Zebras sind es?

L:

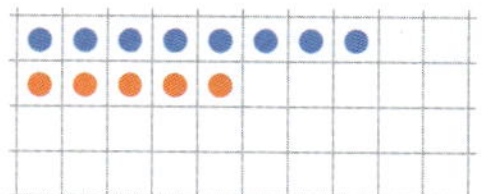

R: 8 + 5 = 13

A: Es sind 13 Zebras.

15 Kinder gehen ins Schwimmbad. 7 davon sind Jungs.

F: Wie viele Mädchen sind es?

L:

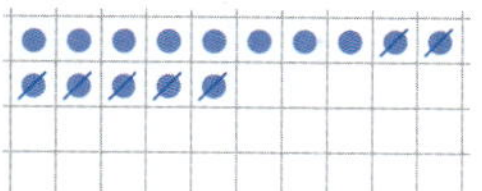

R: 15 – 7 = 8

A: Es sind 8 Mädchen.

Mira kauft Bonbons. Die Kinder essen 8 Bonbons auf. Jetzt sind noch 12 Bonbons übrig.

F: Wie viele Bonbons waren es?

L:

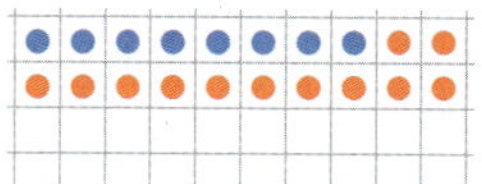

R: 8 + 12 = 20

A: Es waren 20 Bonbons.

Am Baum hängen 15 Äpfel. 4 Äpfel fressen die Amseln. 2 Äpfel fressen die Meisen.

F: Wie viele Äpfel sind noch übrig?

L:

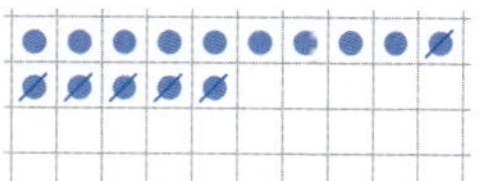

R: 15 – 4 – 2 = 9

A: Es sind noch 9 Äpfel übrig.

* **2:** Erfinde eine eigene Rechengeschichte.

F:

L:

R:

A:

1, 2 Zu den Rechengeschichten passende Skizzen anfertigen; Rechnungen notieren; Antworten ergänzen

* Individuelle Lösung

Körper untersuchen

zu Schülerbuchseite 118

1. Male an und zähle.

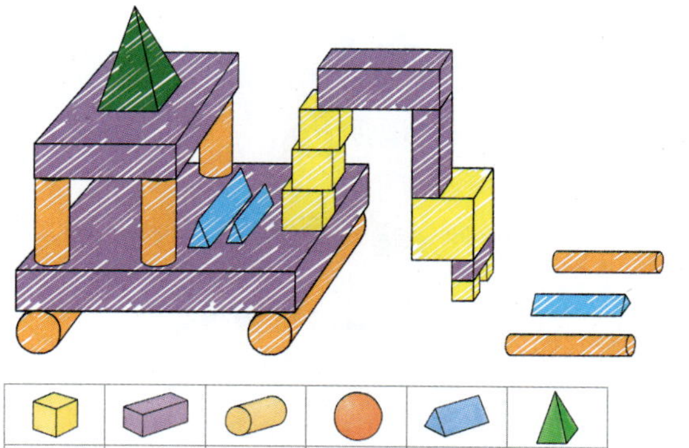

6	5	7	0	3	1

2: Welcher Körper fehlt? Kreise ein.

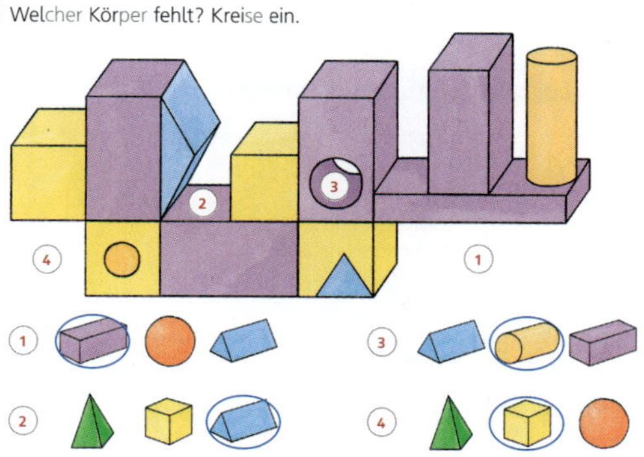

Körper untersuchen

zu Schülerbuchseite 119

1: Male alle Flächen richtig an.

2: Verbinde die Körper mit den passenden Flächen.

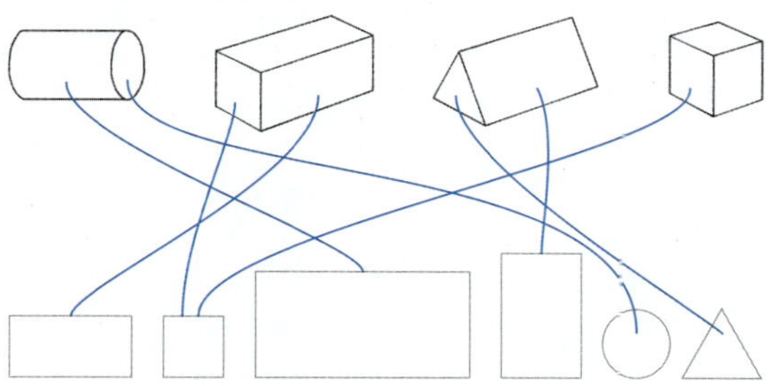

3: Finde heraus, wie viele Ecken der Körper hat. Trage ein.

0 Ecken   8 Ecken   6 Ecken   3 Ecken

2 Mehrere Flächen können zu einem Körper passen

Einkaufen und bezahlen

zu Schülerbuchseite 121

* **1.** Wie viel kostet es? Lege, male und schreibe.

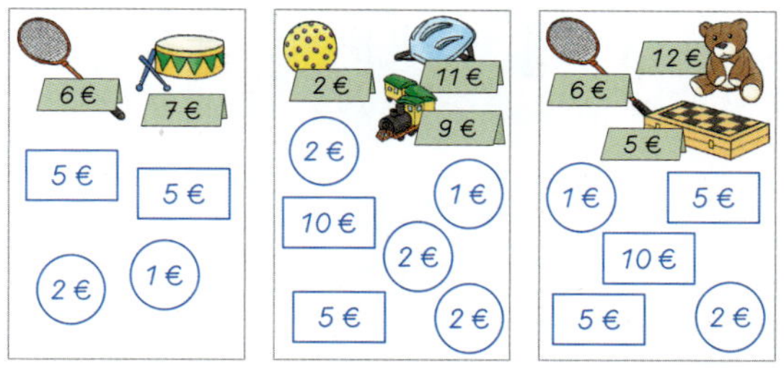

Es kostet 13 €.   Es kostet 22 €.   Es kostet 23 €.

2: Was kostet gleich viel? Suche und male.

1 Beim Legen sind mehrere Lösungen möglich
2 Gegenstände auf der Seite suchen, die die gleiche Gesamtsumme ergeben; zum Teil sind mehrere Lösungen möglich

* Beispiellösung

Einkaufen mit Restgeld

zu Schülerbuchseite 122

1: Wie viel Euro bleiben übrig? Rechne und schreibe.

Du hast 17 €. Du kaufst: 9 € — 8 € bleiben übrig.

Du hast 12 €. Du kaufst: 12 € — 0 € bleiben übrig.

Du hast 23 €. Du kaufst: 5 €, 11 € — 7 € bleiben übrig.

Du hast 29 €. Du kaufst: 7 €, 2 €, 9 € — 11 € bleiben übrig.

2: Emma hat 2 Gegenstände verkauft und 18 € bekommen.
Was hat sie verkauft? Rechne und schreibe.

R: 11 € + 7 € = 18 €

A: Emma hat den Helm und die Trommel verkauft.

* **3:** Emma hat 3 Gegenstände verkauft und 21 € bekommen.
Was hat sie verkauft? Rechne und schreibe.

R: 12 € + 7 € + 2 € = 21 €

A: Emma hat den Teddy, die Trommel und den Ball verkauft.

78

* Beispiellösung

2, 3 Gegenstände auf der Seite suchen, deren Summe den angegebenen Betrag ergibt
3 Mehrere Lösungen sind möglich

Einkaufen mit Rückgeld

zu Schülerbuchseite 123

1. Wie viel Euro bekommst du zurück? Rechne und trage ein.

20 €, 5 € — 5 €, 3 €, 2 €, 5 €

R: 5 € + 3 € + 2 € + 5 € = 15 €
25 € − 15 € = 10 €

A: Ich bekomme 10 € zurück.

20 €, 5 € — 12 €, 2 €, 7 €, 2 €

R: 12 € + 2 € + 7 € + 2 € = 23 €
25 € − 23 € = 2 €

A: Ich bekomme 2 € zurück.

20 €, 10 € — 19 €, 3 €, 2 €, 3 €

R: 19 € + 3 € + 2 € + 3 € = 27 €
30 € − 27 € = 3 €

A: Ich bekomme 3 € zurück.

5 €, 5 €, 5 €, 5 €, 5 € — 2 €, 16 €, 2 €, 2 €

R: 2 € + 16 € + 2 € + 2 € = 22 €
25 € − 22 € = 3 €

A: Ich bekomme 3 € zurück.

79

Ein Tag mit der Uhr

zu Schülerbuchseiten 124, 125

1: Trage ein.

3 Uhr	10 Uhr	5 Uhr	10:30 Uhr	3:30 Uhr
15 Uhr	22 Uhr	17 Uhr	22:30 Uhr	15:30 Uhr

2: Male die Zeiger. Trage ein.

1 Uhr	7 Uhr	11 Uhr	9:30 Uhr	4:30 Uhr
13 Uhr	19 Uhr	23 Uhr	21:30 Uhr	16:30 Uhr

* **3:** Wie viel Zeit ist vergangen?

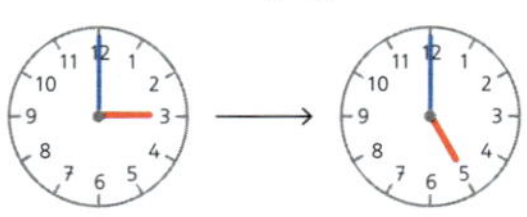

Es sind 2 Stunden vergangen.

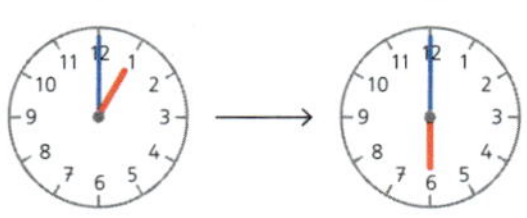

Es sind 5 Stunden vergangen.

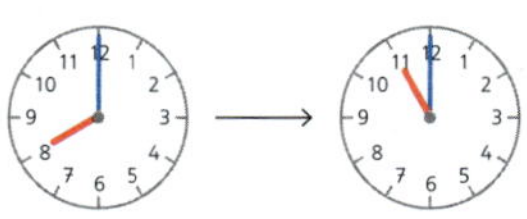

Es sind 3 Stunden vergangen.

80

* Beispiellösung

3 Mehrere Lösungen sind möglich

1. Rechne.

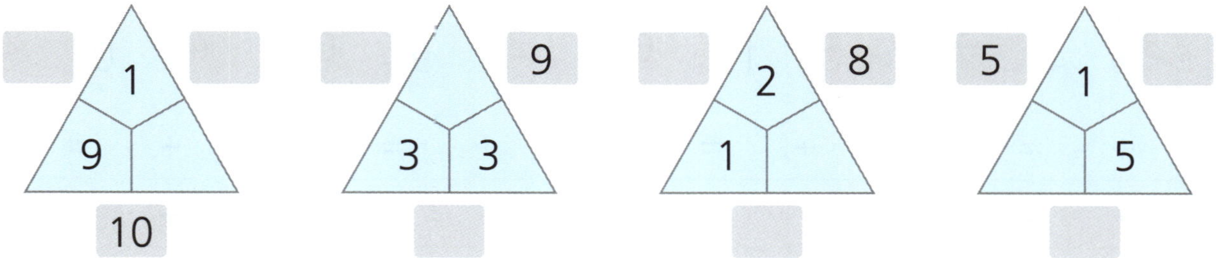

2. Rechne.

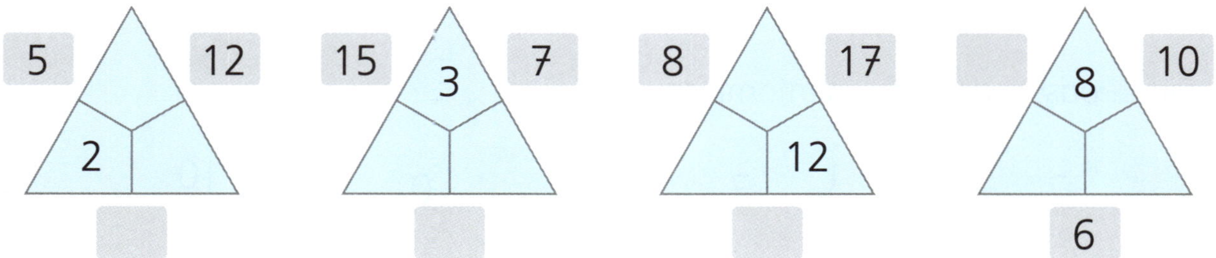

3. Rechne.

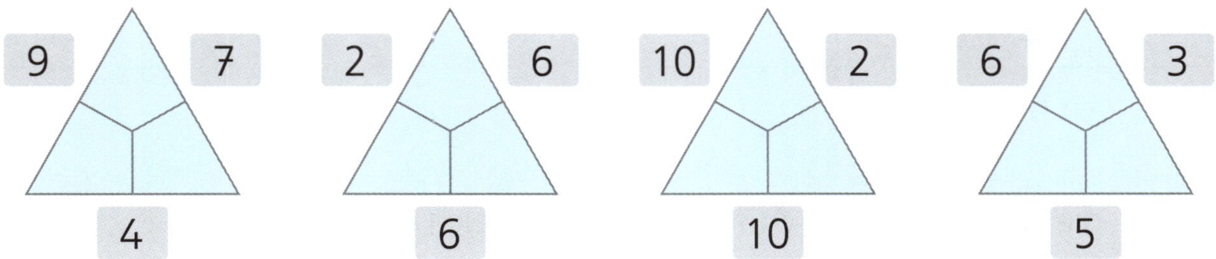

4. Rechne. Stoppe dabei die Zeit.

3 + 5 = ☐	8 + 2 = ☐	10 + 10 = ☐	17 − 7 = ☐
7 + 3 = ☐	9 + 0 = ☐	8 + 10 = ☐	12 − 10 = ☐
1 + 4 = ☐	4 + 3 = ☐	17 + 2 = ☐	11 − 1 = ☐
7 + 2 = ☐	3 + 2 = ☐	9 + 11 = ☐	15 − 2 = ☐

Ich habe ☐ Minuten gebraucht.

1. Rechne die Aufgabenfamilien.

3 4 7 | 4 10 6 | 3 9 6 | 4 0 4

+ =	+ =	+ =	+ =
+ =	+ =	+ =	+ =
− =	− =	− =	− =
− =	− =	− =	− =

2: Finde passende Aufgabenfamilien.

2 5 | 1 7 | 0 8 | 10 2

+ =	+ =	+ =	+ =
+ =	+ =	+ =	+ =
− =	− =	− =	− =
− =	− =	− =	− =

3: Male die Aufgaben einer Aufgabenfamilie gleich an. Rechne.

9 + 1 =

15 − 5 =

4 + 12 =

9 − 7 =

16 − 12 =

12 + 4 =

10 − 1 =

10 − 9 =

7 + 2 =

1 + 9 =

5 + 10 =

10 + 5 =

15 − 10 =

16 − 4 =

9 − 2 =

2 + 7 =

2 Fehlende Zahl ermitteln; mehrere Lösungen sind möglich

1. Rechne.

0	1	1	3

1	2	0	1

1	0	1	4

2: Rechne.

2	1	3

7		
2		
	1	4

	3	
2	3	

	6	
2	2	

9			
5			
3		2	
1	2		

10			
	5		
3	2		
		0	3

6			
4	2		
	1		
	1		1

3: Setze die Mauern richtig zusammen. Streiche durch.

8		

~~8~~ 2 2 6 0 6

6 1 5 3 10 4

4: Schaue genau und rechne.

17	10	7
	3	

15	9	8
6		

10	6	
4		

4 Zum Teil sind mehrere Lösungen möglich

1 Setze ein: >, < oder =

8 > 7	20 ◯ 10	11 ◯ 8 + 1	8 ◯ 9 − 1
6 ◯ 1	15 ◯ 8	2 ◯ 5 + 2	2 ◯ 14 − 10
4 ◯ 9	13 ◯ 13	4 ◯ 1 + 1	9 ◯ 10 − 4
4 ◯ 4	11 ◯ 2	7 ◯ 3 + 4	5 ◯ 7 − 2
6 ◯ 2	7 ◯ 16	12 ◯ 5 + 5	11 ◯ 20 − 9

2 Rechne.

links	rechts	unten
3	10	9
7	2	7
3	4	5
7	6	3

3 Finde passende Lösungen.

5 10 8 9

4 Finde die Gleichungen. Nutze die Zahlen im Kasten. Es bleiben Zahlen übrig.

5 2 7 2 5

☐ + ☐ = ☐ + ☐

6 2 4 4 6 2

☐ + ☐ = ☐ + ☐

3 10 3 4 7 7

☐ − ☐ = ☐ + ☐

9 5 1 6 5 2 3

☐ + ☐ = ☐ − ☐

2, 3 Lösungen durch Probieren finden
3 Mehrere Lösungen sind möglich
4 Zum Teil sind mehrere Lösungen möglich

1: Rechne. Stoppe dabei die Zeit.

1 + 1 = ___	8 − 1 = ___	15 − 2 = ___	13 − 2 = ___
10 − 5 = ___	1 + 8 = ___	14 + 6 = ___	5 + 11 = ___
4 + 2 = ___	8 + 2 = ___	19 + 1 = ___	18 − 4 = ___
5 − 4 = ___	8 − 2 = ___	16 − 2 = ___	3 + 13 = ___

Ich habe ___ Minuten gebraucht.

2: Rechne.

Pyramide 1:

8			
4			
	1	3	
2			

Pyramide 2:

7			
4	3		
	0	1	

Pyramide 3:

10			
4			
	3		
	1		1

Pyramide 4:

3	3		
2			1

Pyramide 5:

5	5		
3			1

Pyramide 6:

6	3		
3			0

3: Löse die Rätsel.

	4		2
1		3	
	3		1
2		4	

	2		1
	1	4	
			3
		2	

1: Zähle, trage ein und male aus.

2: Lies die Anzahl der Kinder ab. Trage ein und rechne.

Klasse 1a:

Klasse 1b:

Klasse 1a und 1b zusammen: 

1 Bei Strichlisten Fünferbündelung berücksichtigen
2 Erst die Anzahl der Mädchen, dann der Jungen, dann die Anzahl aller Kinder in der Klasse zählen

1: Immer 10. Bündele und trage ein.

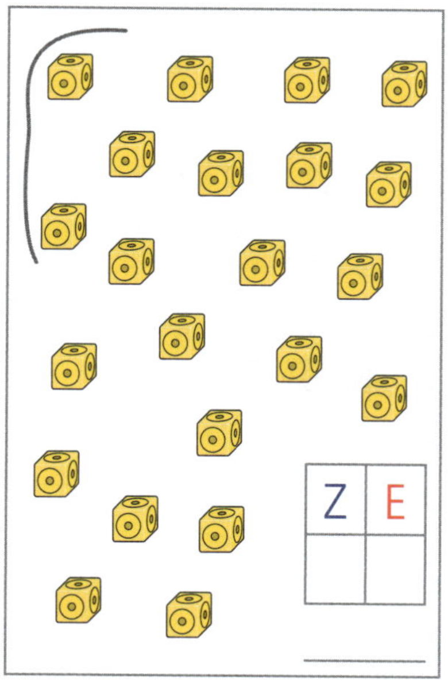

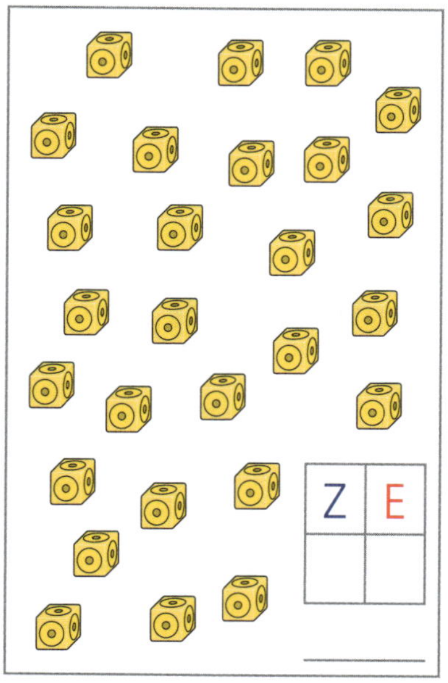

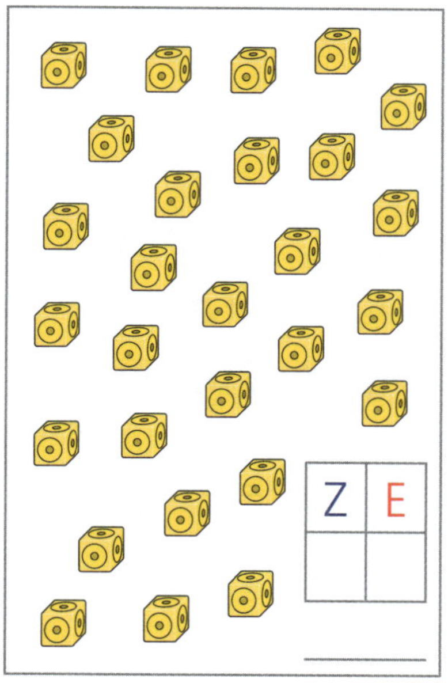

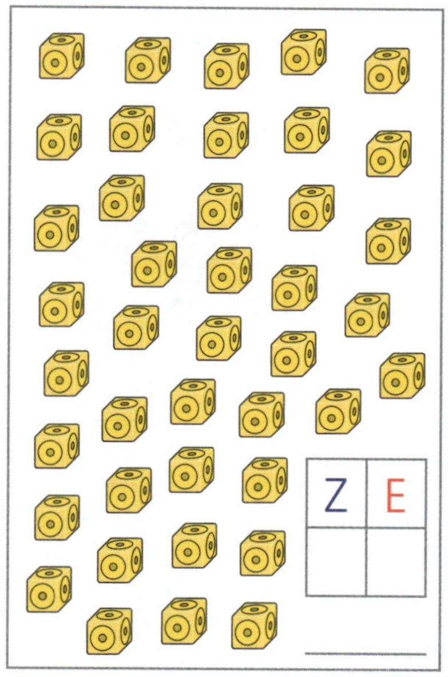

2: Immer 10. Bündele und trage ein.

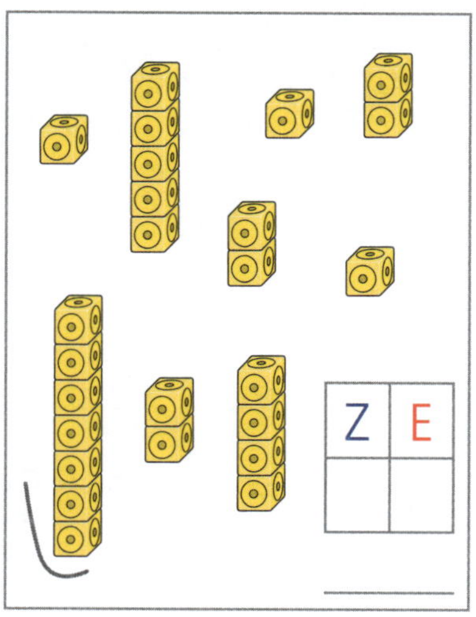

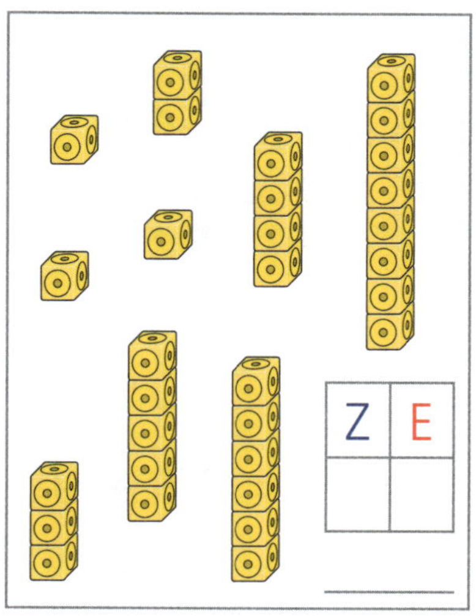

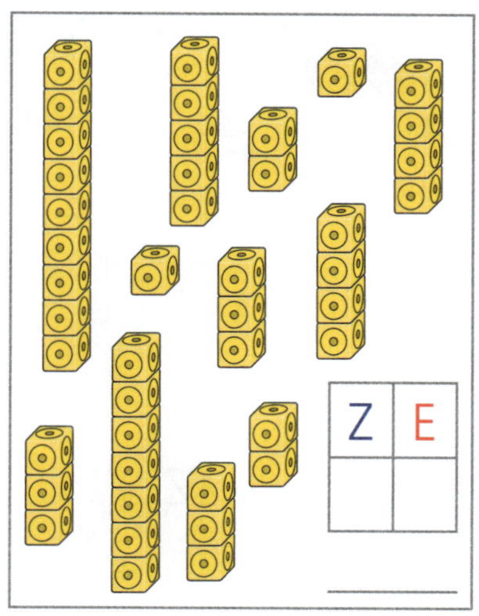

1: Unter jedem Papierstreifen sind immer 10 Steckwürfel. Trage ein.

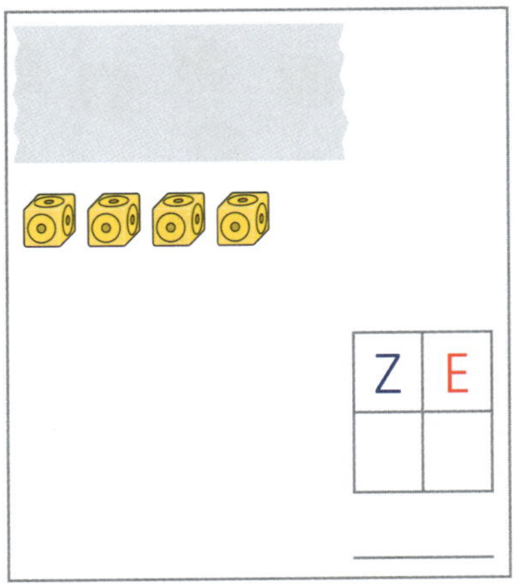

__ = __ + 4E

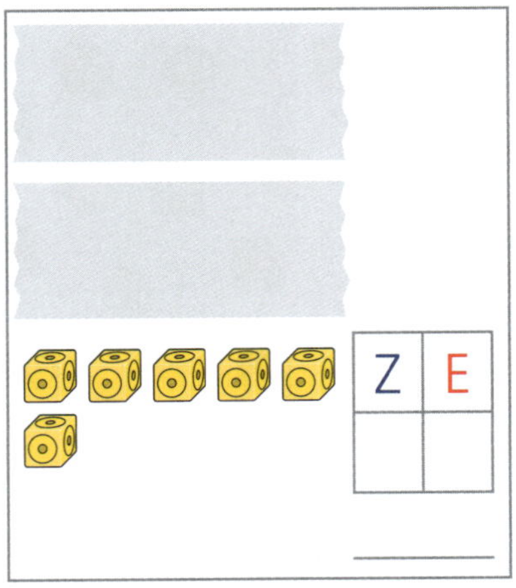

__ = __ + __

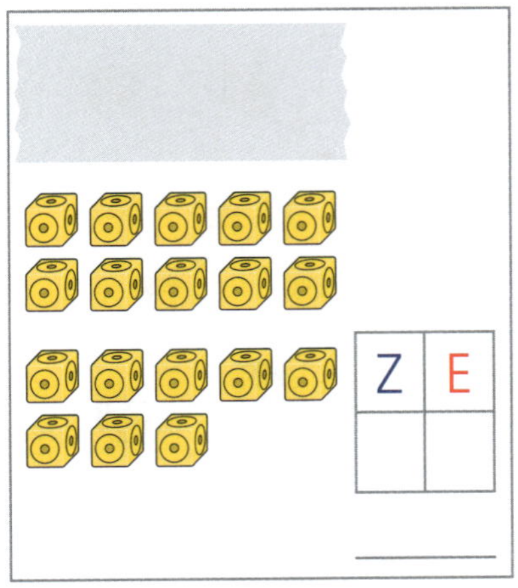

__ = __ + __

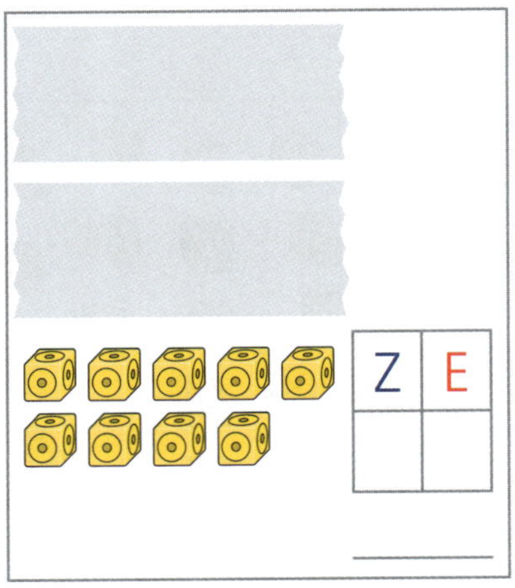

__ = __ + __

__ = __ + __

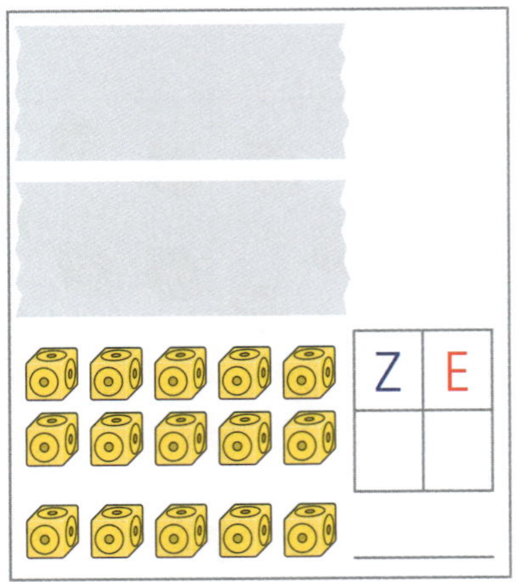

__ = __ + __

2: Finde die Fehler und verbessere.

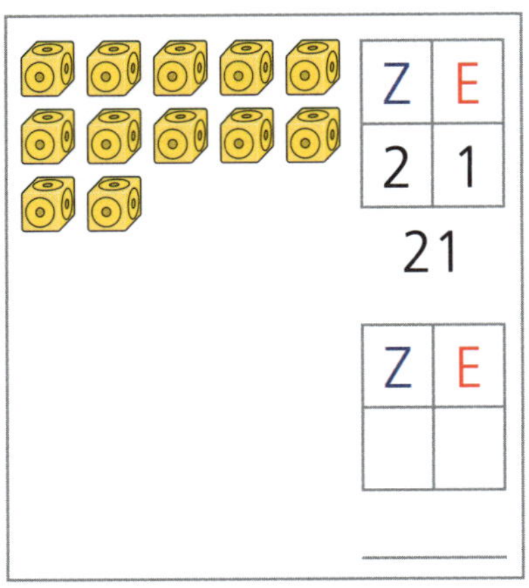

21 = 2Z + 1E

__ = __ + __

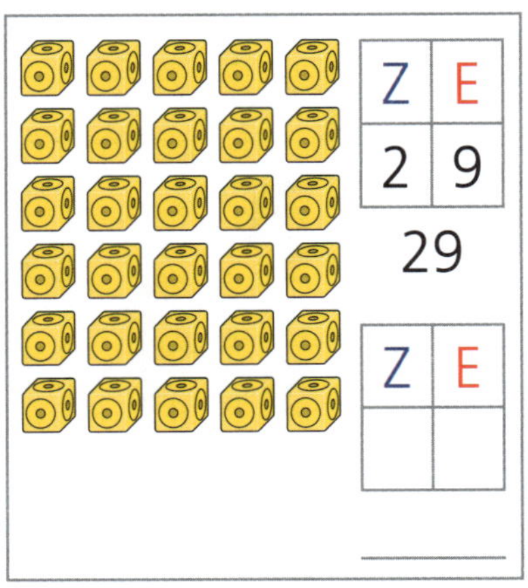

29 = 2Z + 9E

__ = __ + __

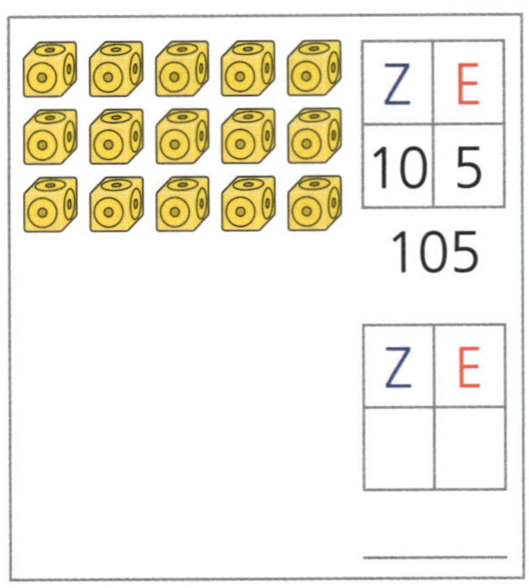

105 = 10Z + 5E

__ = __ + __

1: Bündele und trage ein. Verbinde.

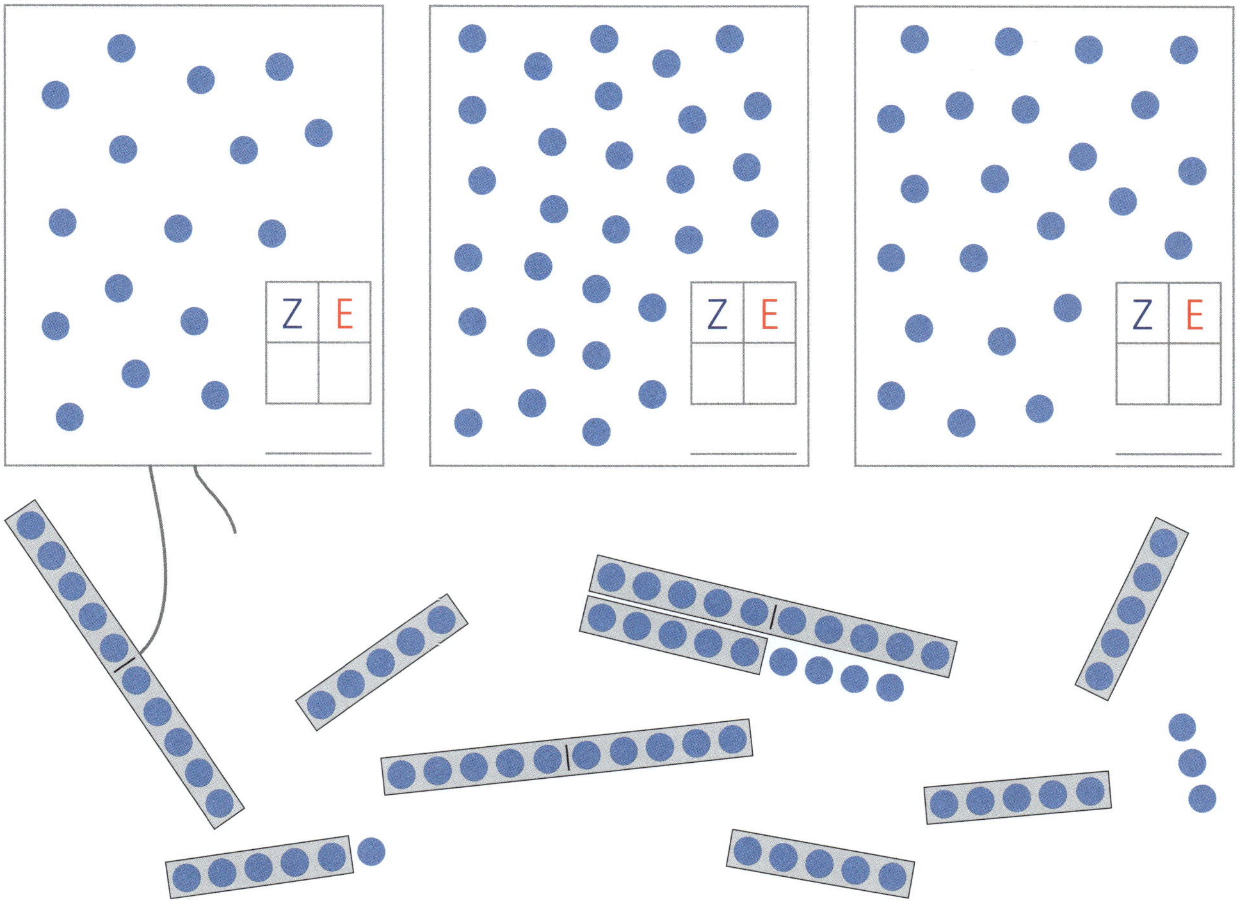

2: Welche Zahlen könnten es sein? Trage alle ein.

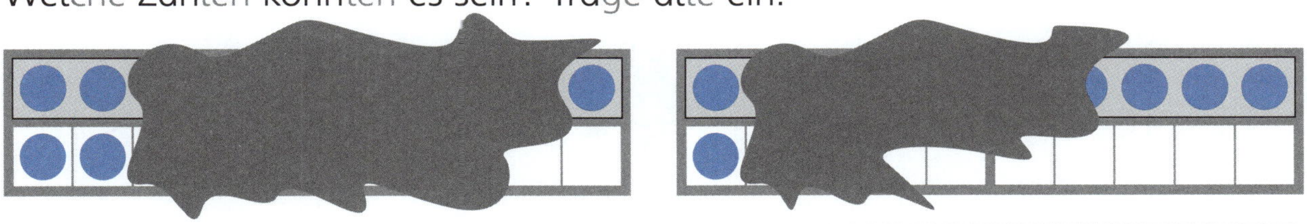

12, 13

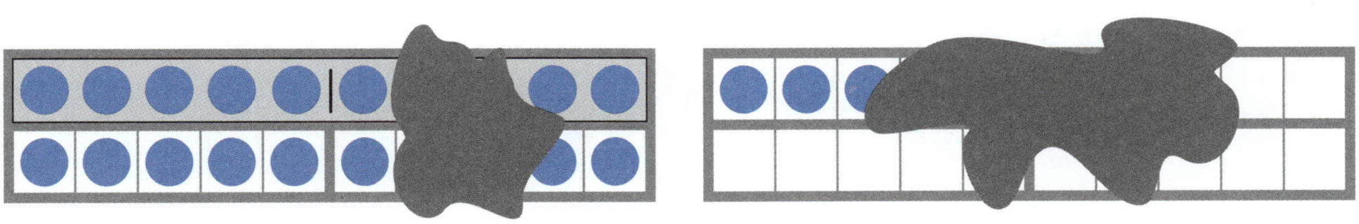

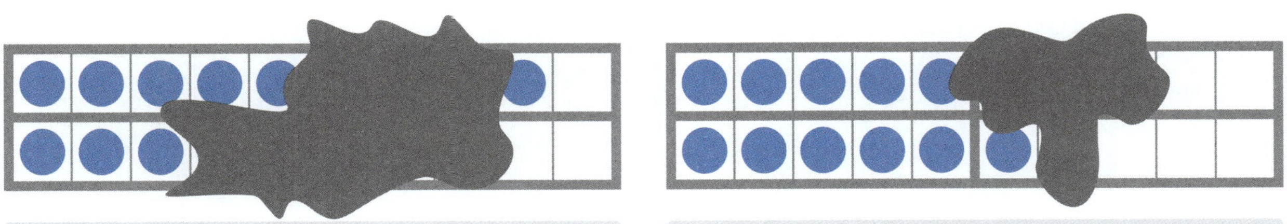

1 Finde alle passenden Zahlen. Trage ein.

$10 > 5 + \blacksquare$	$\blacksquare + 8 < 11$	$12 < 17 - \blacksquare$
0, 1		
$19 - \blacksquare > 14$	$\blacksquare - 10 < 4$	$17 + \blacksquare < 21$

2 Finde alle passenden Zahlen. Trage ein.

$10 + 3 < 17 - \blacksquare$	$20 - 11 > 4 + \blacksquare$	$5 + 6 > \blacksquare + 8$
$\blacksquare - 13 < 9 - 5$	$7 + \blacksquare < 16 - 4$	$18 - 5 > \blacksquare + 9$

3 Finde alle passenden Zahlen. Trage ein.

$15 < 10 + \blacksquare < 20$	$14 > 17 - \blacksquare > 9$	$13 < 11 + \blacksquare < 18$
0, 1		
$12 < 11 + \blacksquare < 14$	$24 > 28 - \blacksquare > 20$	$19 > 20 - \blacksquare > 14$

4 Setze die Zahlen richtig ein.

$\square < \square > \square < \square < \square$ 17   4   10   12   6

$\square > \square < \square > \square > \square$ 14   21   16   9   13

4 Mehrere Lösungen sind möglich

1: Verbinde.

5 | 1 | 11 | 8 | 15 | 13 | 17 | 19

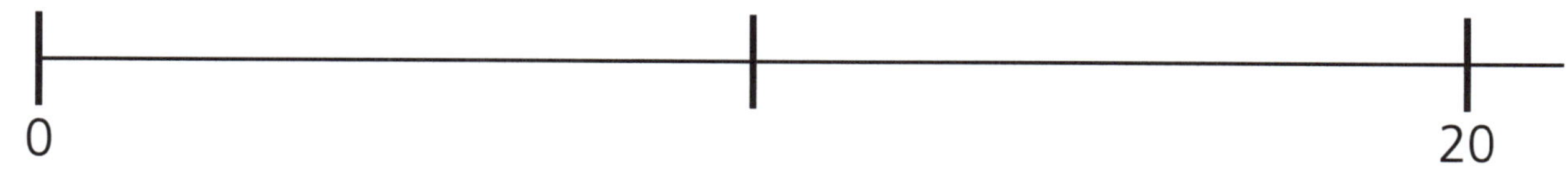

4 | 2 | 10 | 7 | 12 | 18 | 16 | 21

2: Finde die Fehler. Verbessere.

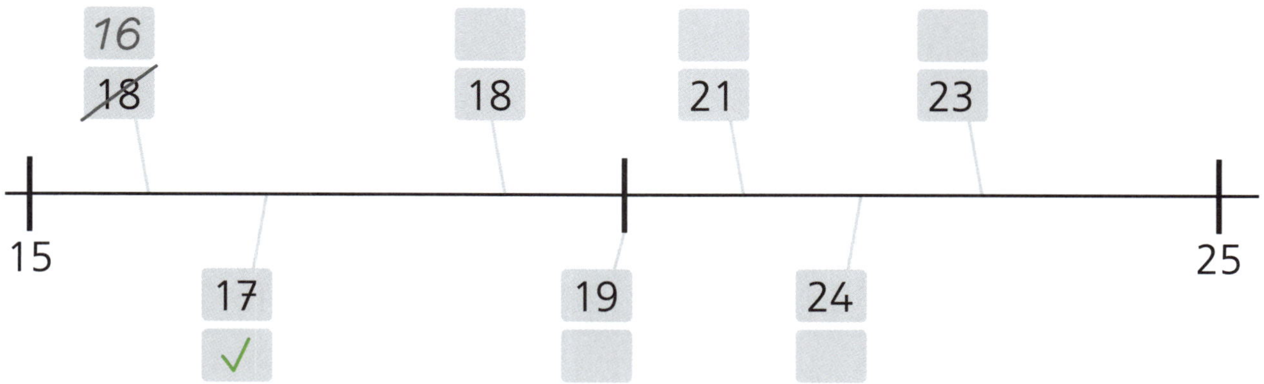

3: Setze die Zahlen richtig ein.

4	5	6

16 | 18 | 20 | 6 | 22 | 17 | 4 | 25 | 23 | 19 | 21 | 5 | 18 | 24 | 23

1 Zahlen mit der passenden Stelle auf dem Zahlenstrahl verbinden
3 Vorgänger und Nachfolger eintragen

1 Welche Formen sind verdeckt? Male.

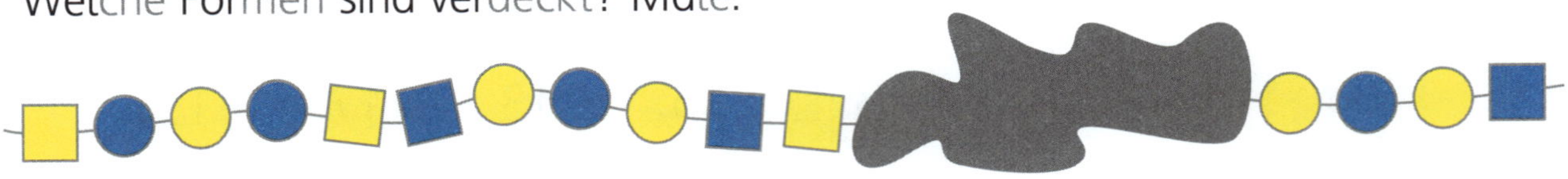

12. 13. 14. 15. 16.

11. 12. 13. 14. 15.

13. 14. 15. 16. 17.

2 Setze fort. Zeichne die Pfeile und male an.

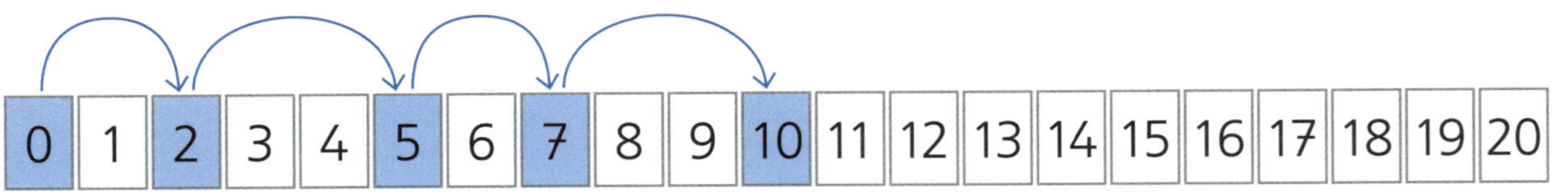

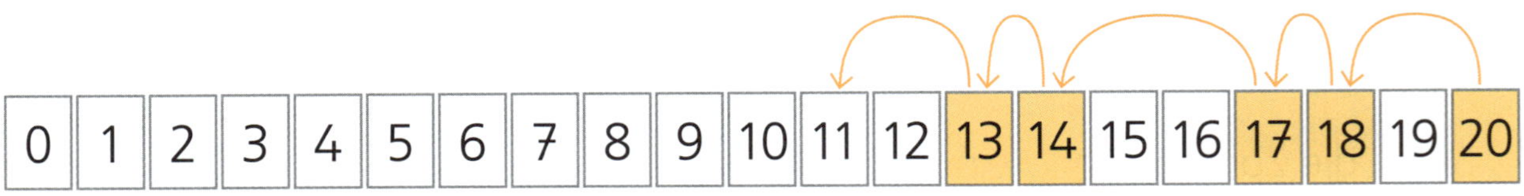

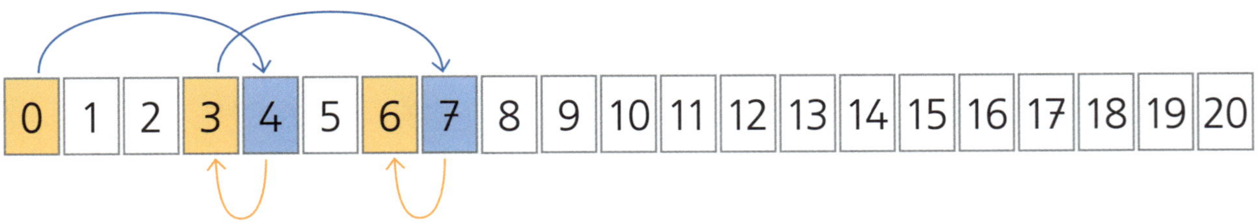

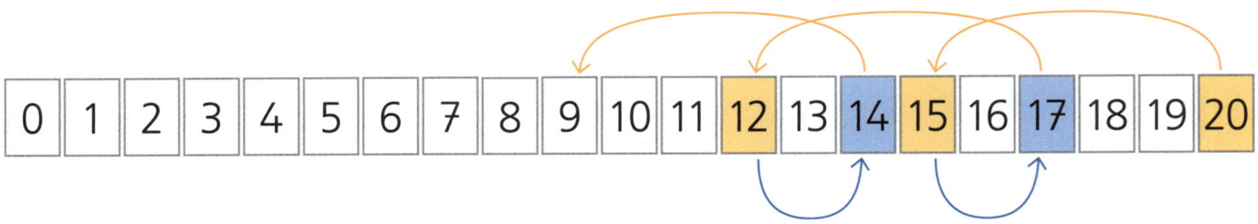

1 Immer 10. Bündele und trage ein.

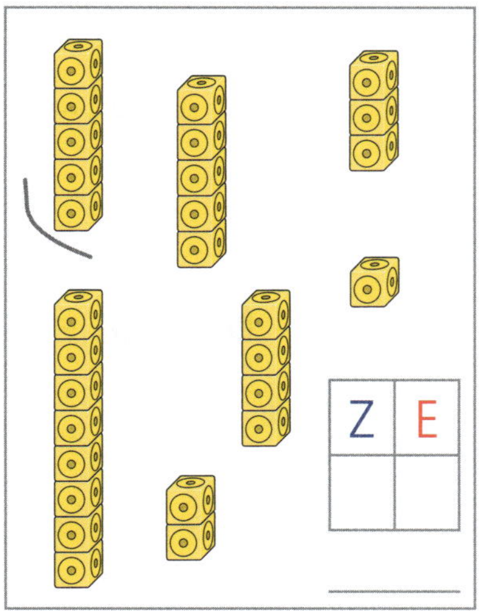

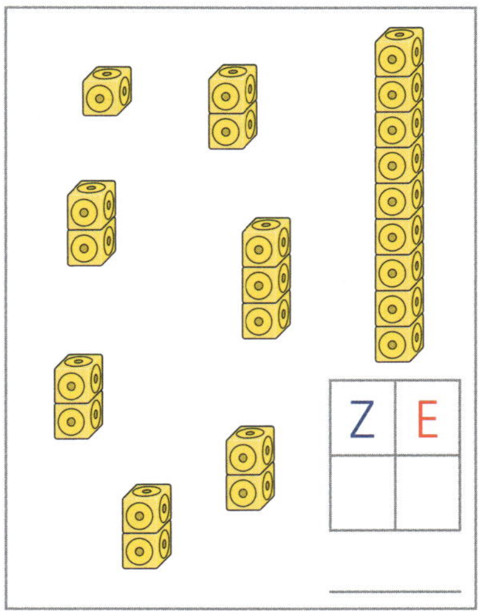

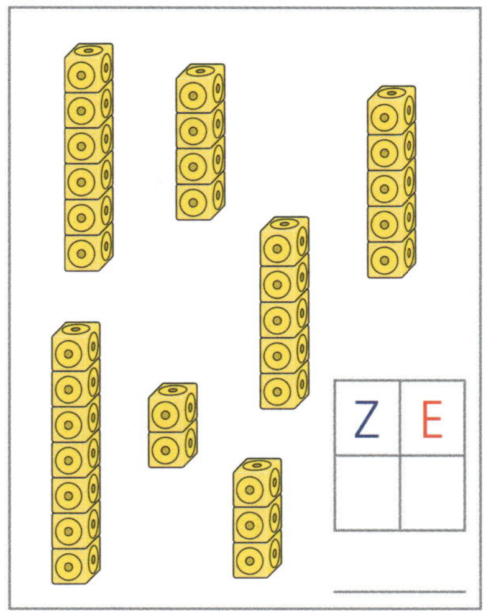

2 Finde alle passenden Zahlen. Trage ein.

10 + 2 < 15 – ■ 19 – 9 > 5 + ■ 15 > 18 – ■ > 10

0

3 Verbinde.

6 3 19 15 12 22 26 28

4 Setze fort. Zeichne die Pfeile und male an.

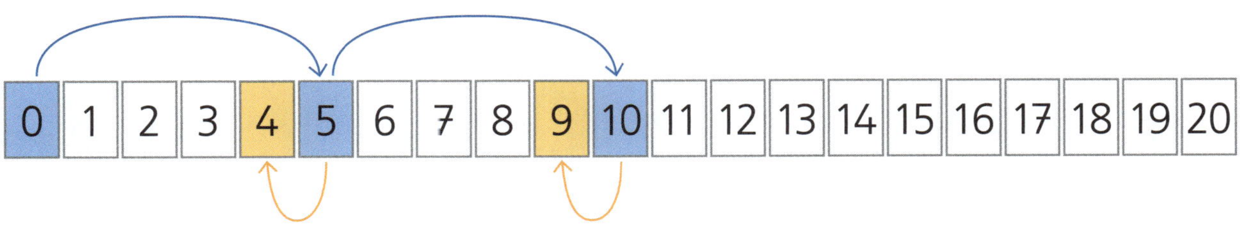

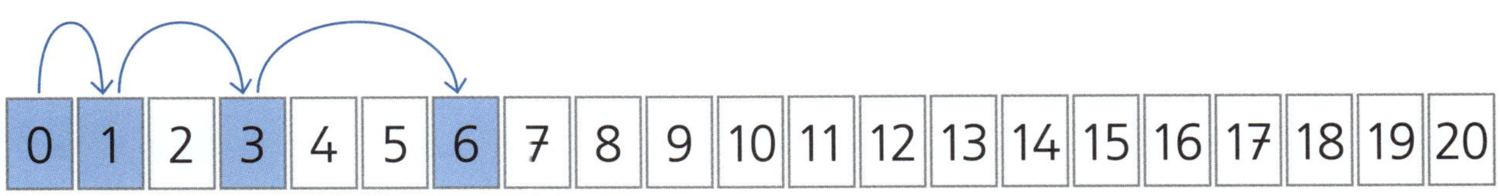

1: Finde die große Aufgabe. Rechne.

☐ + ☐ = ☐	☐ + ☐ = ☐	☐ + ☐ = ☐	☐ + ☐ = ☐
2 + 4 = ☐	7 + 1 = ☐	5 + 0 = ☐	4 + 3 = ☐
☐ − ☐ = ☐	☐ − ☐ = ☐	☐ − ☐ = ☐	☐ − ☐ = ☐
8 − 6 = ☐	5 − 1 = ☐	9 − 7 = ☐	6 − 0 = ☐
☐ − ☐ = ☐	☐ − ☐ = ☐	☐ − ☐ = ☐	☐ − ☐ = ☐
4 − 1 = ☐	7 − 3 = ☐	5 − 4 = ☐	9 − 2 = ☐

2: Wie weit kommst du? Setze fort. Rechne.

6 + 1 = ☐	3 + 5 = ☐	4 + 4 = ☐	☐ + ☐ = ☐
16 + 1 = ☐	13 + 5 = ☐	4 + 14 = ☐	☐ + ☐ = ☐
26 + 1 = ☐	☐ + ☐ = ☐	4 + ☐ = ☐	☐ + ☐ = ☐
☐ + 1 = ☐	☐ + ☐ = ☐	☐ + ☐ = ☐	☐ + ☐ = ☐
☐ + 1 = ☐	☐ + ☐ = ☐	☐ + ☐ = ☐	☐ + ☐ = ☐
☐ + 1 = ☐	☐ + ☐ = ☐	☐ + ☐ = ☐	☐ + ☐ = ☐
☐ + 1 = ☐	☐ + ☐ = ☐	☐ + ☐ = ☐	☐ + ☐ = ☐
☐ + 1 = ☐	☐ + ☐ = ☐	☐ + ☐ = ☐	☐ + ☐ = ☐

3: Rechne. Findest du immer eine kleine Aufgabe?

12 + 1 = ☐	17 + 4 = ☐	10 + 8 = ☐	15 + 7 = ☐
☐ + ☐ = ☐	☐ + ☐ = ☐	☐ + ☐ = ☐	☐ + ☐ = ☐
18 − 6 = ☐	16 − 4 = ☐	11 − 5 = ☐	17 − 10 = ☐
☐ − ☐ = ☐	☐ − ☐ = ☐	☐ − ☐ = ☐	☐ − ☐ = ☐
14 − 6 = ☐	15 − 8 = ☐	12 − 10 = ☐	14 − 5 = ☐
☐ − ☐ = ☐	☐ − ☐ = ☐	☐ − ☐ = ☐	☐ − ☐ = ☐

1 Mehrere Lösungen sind möglich
3 Wenn die Rechnung nicht lösbar ist, X eintragen

1 Rechne.

+	3	5	0	4	7
5					
13					
4					
12					
6					

−	5	1	3	4	7
7					
8					
16					
9					
20					

2 Ergänze und rechne.

+		3	1	
11				15
		16		
6	6			

+	3		7	
15		20		
3				5
	13			

−	4	0		8
17			11	
20				
	5			

−	1	5	4	
14				
	6			
8				5

3 Finde die Fehler, korrigiere oder schreibe ✗.

+	2	10	3	1	7
12	~~13~~ 14	20	15	11	19
4	6 ✓	14	1	5	13
8	12	8	10	7	25

−	5	11	17	9	8
9	4	~~8~~ ✗	17	0	1
20	6	10	13	11	2
16	9	6	1	5	6

3 Wenn die Rechnung nicht lösbar ist, X eintragen

1. Finde die Nachbaraufgaben. Rechne.

5 + 1 = ☐	☐ + ☐ = ☐
5 + 2 = ☐	5 + 2 = ☐
☐ + ☐ = ☐	6 + 2 = ☐

☐ + ☐ = ☐	☐ + ☐ = ☐
14 + 2 = ☐	14 + 2 = ☐
☐ + ☐ = ☐	☐ + ☐ = ☐

6 + 1 = ☐	☐ + ☐ = ☐
6 + 2 = ☐	6 + 2 = ☐
☐ + ☐ = ☐	7 + 2 = ☐

☐ + ☐ = ☐	☐ + ☐ = ☐
13 + 4 = ☐	13 + 4 = ☐
☐ + ☐ = ☐	☐ + ☐ = ☐

2: Finde die Nachbaraufgaben. Rechne.

☐ + ☐ = ☐	☐ + ☐ = ☐
☐ + ☐ = ☐	14 + 1 = ☐
☐ + ☐ = ☐	☐ + ☐ = ☐

☐ + ☐ = ☐	☐ + ☐ = ☐
20 + 3 = ☐	☐ + ☐ = ☐
☐ + ☐ = ☐	☐ + ☐ = ☐

☐ + ☐ = ☐	☐ + ☐ = ☐
16 + 4 = ☐	☐ + ☐ = ☐
☐ + ☐ = ☐	☐ + ☐ = ☐

☐ + ☐ = ☐	18 + 4 = ☐
☐ + ☐ = ☐	☐ + ☐ = ☐
19 + 5 = ☐	☐ + ☐ = ☐

3: Setze fort. Rechne. Findest du immer eine Rechnung?

☐ + ☐ = ☐	☐ + ☐ = ☐
☐ + ☐ = ☐	☐ + ☐ = ☐
☐ + ☐ = ☐	☐ + ☐ = ☐
☐ + ☐ = ☐	☐ + ☐ = ☐
6 + 4 = ☐	6 + 4 = ☐
☐ + ☐ = ☐	☐ + ☐ = ☐
☐ + ☐ = ☐	☐ + ☐ = ☐
☐ + ☐ = ☐	☐ + ☐ = ☐
☐ + ☐ = ☐	☐ + ☐ = ☐

☐ + ☐ = ☐	☐ + ☐ = ☐
☐ + ☐ = ☐	☐ + ☐ = ☐
☐ + ☐ = ☐	☐ + ☐ = ☐
☐ + ☐ = ☐	☐ + ☐ = ☐
16 + 3 = ☐	☐ + ☐ = ☐
☐ + ☐ = ☐	☐ + ☐ = ☐
☐ + ☐ = ☐	☐ + ☐ = ☐
☐ + ☐ = ☐	☐ + ☐ = ☐
☐ + ☐ = ☐	☐ + ☐ = ☐

3 Wenn die Rechnung nicht lösbar ist, X eintragen

1. Finde die Nachbaraufgaben. Rechne.

5 − 2 =	− =	− =	− =
5 − 3 =	5 − 3 =	14 − 2 =	14 − 2 =
− =	6 − 3 =	− =	− =

9 − 3 =	− =	− =	− =
9 − 4 =	9 − 4 =	18 − 6 =	18 − 6 =
− =	10 − 4 =	− =	− =

2: Finde die Nachbaraufgaben. Rechne.

− =	− =	− =	− =
− =	14 − 10 =	20 − 19 =	− =
− =	− =	− =	− =

− =	− =	− =	18 − 11 =
15 − 5 =	− =	− =	− =
− =	− =	19 − 12 =	− =

3: Setze fort. Rechne. Findest du immer eine Rechnung?

− =	− =	− =	− =
− =	− =	− =	− =
− =	− =	− =	− =
− =	− =	− =	− =
13 − 4 =	13 − 4 =	11 − 8 =	11 − 8 =
− =	− =	− =	− =
− =	− =	− =	− =
− =	− =	− =	− =
− =	− =	− =	− =

3 Wenn die Rechnung nicht lösbar ist, X eintragen

zu Schülerbuchseiten 86, 87

1. Trage ein.

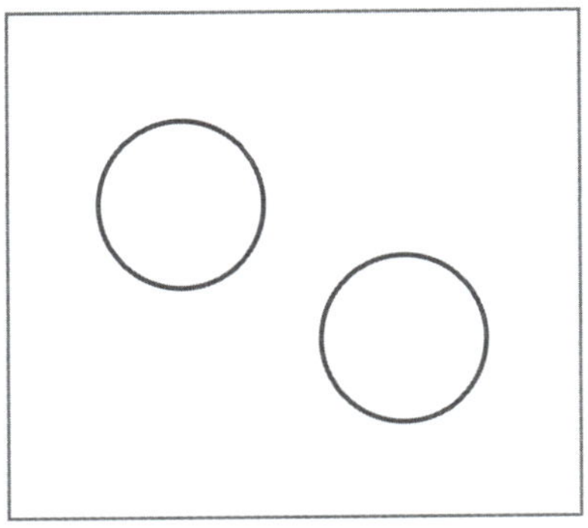

25 ct

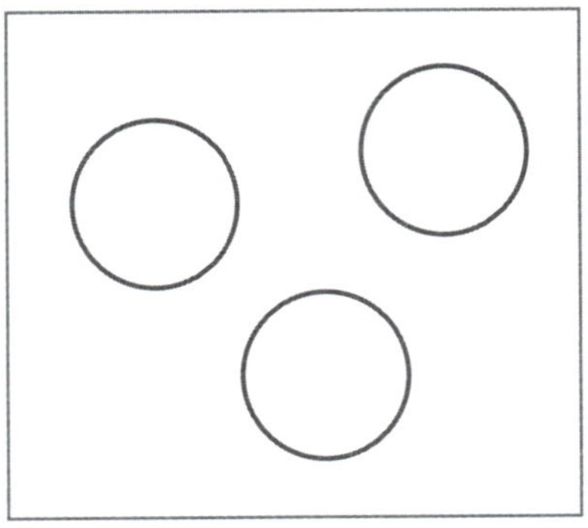

23 ct

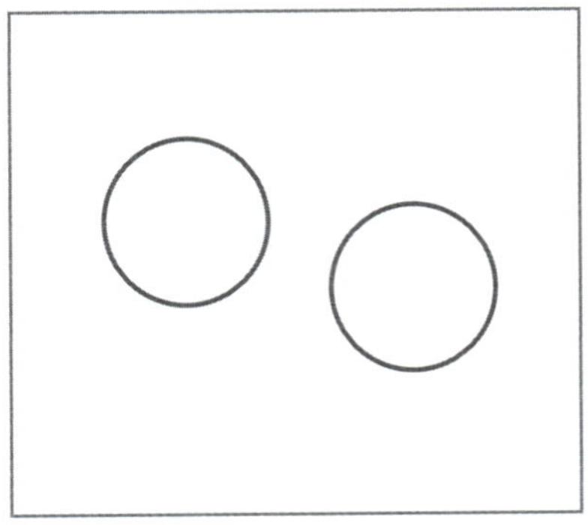

40 ct

2: Immer 7 ct. Finde alle Möglichkeiten. Male.

7 ct

7 ct

7 ct

7 ct

7 ct

7 ct

3: Was kannst du mit drei Münzen legen? Kreuze an.

○ 13 ct	○ 9 ct	○ 18 ct	○ 16 ct
○ 20 ct	○ 4 ct	○ 15 ct	○ 19 ct

1. Trage ein.

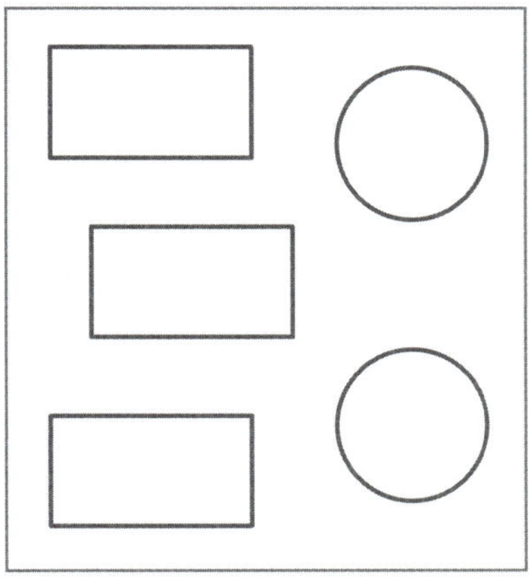

22 €

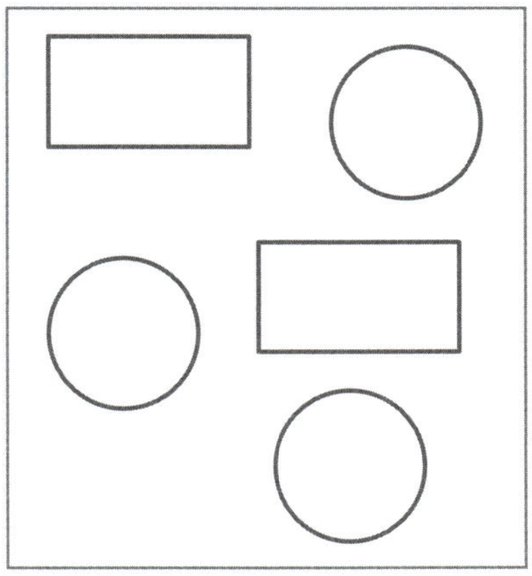

16 €

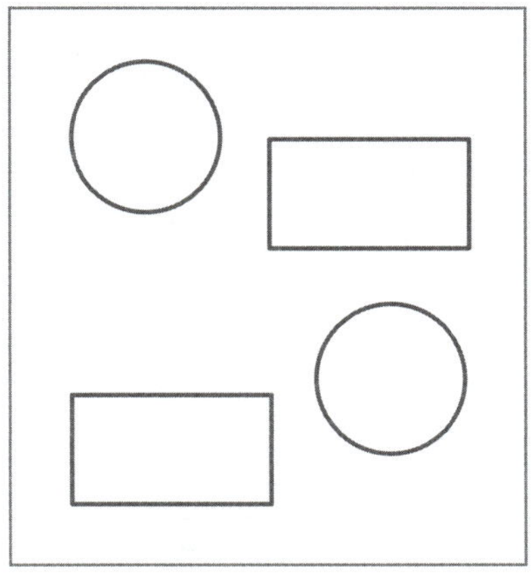

27 €

2: Wie viele Münzen brauchst du mindestens? Verwende keine Scheine.

30 ct → ☐ Münzen	27 ct → ☐ Münzen	9 € → ☐ Münzen
39 ct → ☐ Münzen	17 ct → ☐ Münzen	15 € → ☐ Münzen
44 ct → ☐ Münzen	51 ct → ☐ Münzen	22 € → ☐ Münzen

3: Bestimme die Preise.

= 6 €

= 9 €

☐ €

☐ €

= 20 €

= 34 €

☐ €

☐ €

= 18 €

= 24 €

☐ €

☐ €

1: Trage ein.

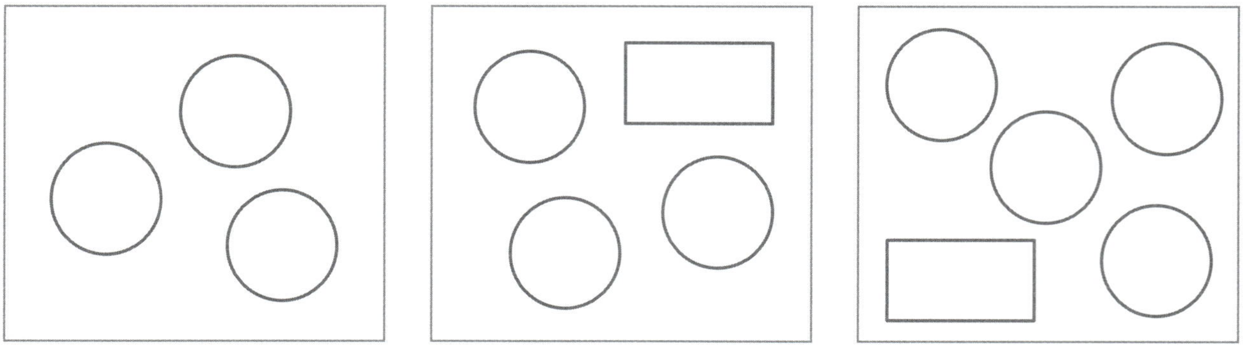

3 € 20 ct

8 € 5 ct

12 € 11 ct

2: Verbinde gleiche Beträge.

3: Kreise ein.

Immer 11 ct

Immer 6 €

1 Zum Teil sind mehrere Lösungen möglich
3 Mehrere Lösungen sind möglich

1 Lege mit so wenig Münzen und Scheinen wie möglich. Male und rechne.

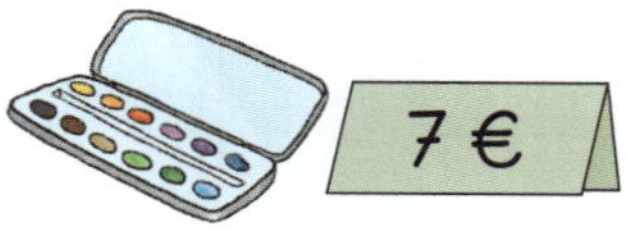

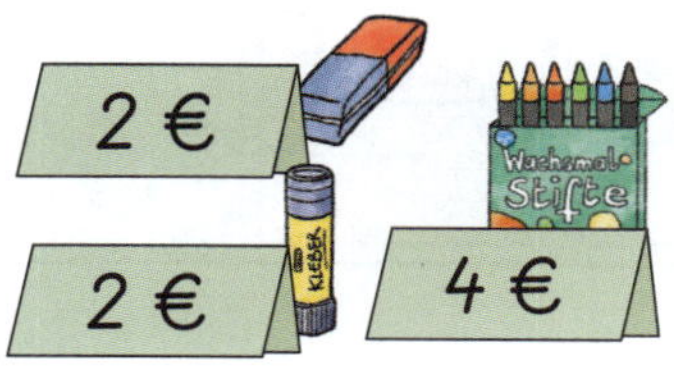

2 € + 2 € + 4 € = ___ €

___ € + ___ € + ___ € = ___ €

___ € + ___ € + ___ € = ___ €

2 Wie viel Geld haben die Kinder?

Ich habe 2 € weniger als Tim, aber 5 € mehr als Emma.

Ich habe 4 € mehr als Mira.

Wir haben gleich viel Geld.

Mir fehlen noch 3 €, dann habe ich 20 €.

Emma hat ___. Tim hat ___. Hanna hat ___.

Mira hat ___. Max hat ___.

1. Wo sind die Gegenstände im Bild? Kreuze an.

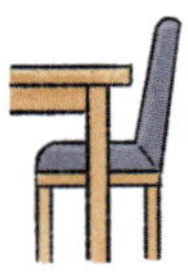

- [ ] oben
- [ ] unten

- [ ] oben
- [ ] unten

- [ ] oben
- [ ] unten

- [ ] oben
- [ ] unten

2: Wo sind die Gegenstände im Bild? Kreuze an.

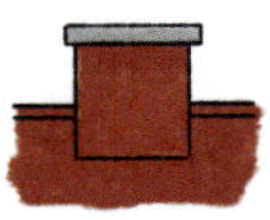

- [ ] oben
- [ ] unten
- [ ] rechts
- [ ] links
- [ ] mittig

- [ ] oben
- [ ] unten
- [ ] rechts
- [ ] links
- [ ] mittig

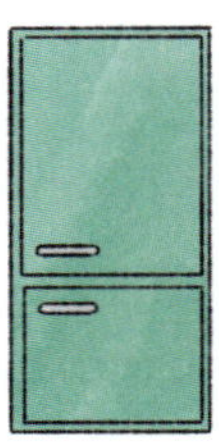

- [ ] oben
- [ ] unten
- [ ] rechts
- [ ] links
- [ ] mittig

- [ ] oben
- [ ] unten
- [ ] rechts
- [ ] links
- [ ] mittig

3: Zeichne im Bild oben an der richtigen Stelle ein.

- [x] oben
- [ ] unten
- [ ] rechts
- [x] links

- [ ] oben
- [x] unten
- [x] rechts
- [ ] links

- [ ] oben
- [x] unten
- [ ] rechts
- [x] links

- [x] oben
- [ ] unten
- [x] rechts
- [ ] links

2 Je zwei Antworten ankreuzen (oben/unten und rechts/links/mittig)
3 Mehrere Lösungen sind möglich

1: Finde 12 Fehler im rechten Spiegelbild. Kreise ein.

2: Was kannst du aus dem Bild mit dem Spiegel darstellen? Kreuze an.

- ○ 6 Stifte
- ○ 
- ○ 9 Stifte
- ○ 2 und 1
- ○ 2 , 2 und 2
- ○ 1 Stift

1 Ggf. mit dem Spiegel kontrollieren
2 Spiegel verwenden

zu Schülerbuchseiten 98–101

Verdoppeln !

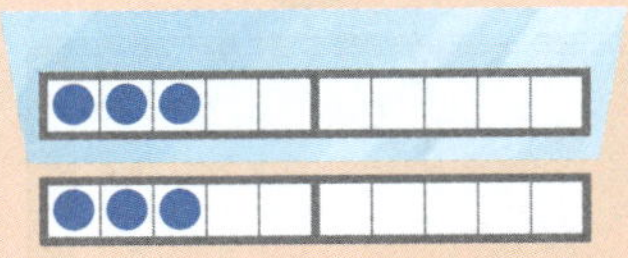

3 + 3 = 6

↔

↔

Halbieren !

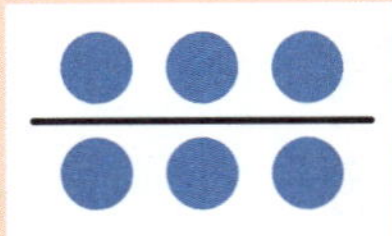

6 − 3 = 3

1 Rechne.

1 + ___ = 2 ↔ 2 − 1 = ___		20 − 10 = ___ ↔ 10 + ___ = 20	
2 + ___ = 4 ↔ 4 − 2 = ___		16 − 8 = ___ ↔ 8 + ___ = 16	
3 + ___ = 6 ↔ 6 − 3 = ___		12 − 6 = ___ ↔ 6 + ___ = 12	
4 + ___ = 8 ↔ 8 − 4 = ___		14 − 7 = ___ ↔ 7 + ___ = 14	

2 Halbiere und rechne.

12 = 6 + ___	10 − 5 = ___	6 + ___ = 12	10 − ___ = 5
14 = ___ + ___	8 − 4 = ___	10 + ___ = ___	2 − ___ = ___
16 = ___ + ___	6 − 3 = ___	9 + ___ = ___	18 − ___ = ___
18 = ___ + ___	4 − 2 = ___	5 + ___ = ___	4 − ___ = ___
20 = ___ + ___	2 − 1 = ___	8 + ___ = ___	12 − ___ = ___

3 Löse die Zahlenrätsel.

gedachte Zahl: ___

gedachte Zahl: ___

1 Halbieren und Verdoppeln als Umkehraufgabe verstehen
2 Halbierungen auf unterschiedliche Arten in Gleichungen darstellen

1: Ordne die Zahlen zu. Schreibe gerade Zahlen blau und ungerade Zahlen rot.

~~14~~ 22 19 24 17 21 26 12

20 13 18 15 25 23 16

Gerade Zahlen

14, ______________________

Ungerade Zahlen

____

2: Zwei ungerade Zahlen ergeben zusammen 20. Trage ein und rechne.

1 + 19 = 20	☐ + ☐ = 20	☐ + ☐ = 20
☐ + ☐ = 20	☐ + ☐ = 20	☐ + ☐ = 20
☐ + ☐ = 20	☐ + ☐ = 20	☐ + ☐ = 20

3: Zwei Zahlen ergeben zusammen eine ungerade Zahl. Trage ein und rechne.

10 + 3 = 13	11 + ☐ = 13	1 + ☐ = 15
8 + 5 = 13	9 + ☐ = 13	☐ + ☐ = 15
☐ + 7 = 13	☐ + ☐ = 13	☐ + ☐ = 15
☐ + ☐ = 13	☐ + ☐ = 13	☐ + ☐ = 15

4: Die meisten Plusaufgaben ergeben eine gerade Zahl.
Stimmt das? Kreuze an.

○ ja ○ nein

☐ + ☐ = ☐	☐ + ☐ = ☐	☐ + ☐ = ☐
☐ + ☐ = ☐	☐ + ☐ = ☐	☐ + ☐ = ☐
☐ + ☐ = ☐	☐ + ☐ = ☐	☐ + ☐ = ☐
☐ + ☐ = ☐	☐ + ☐ = ☐	☐ + ☐ = ☐

2 Zur Summe passende Summanden finden; mehrere Lösungen sind möglich
3 Zur Summe passende Summanden finden; zum Teil sind mehrere Lösungen möglich
4 Ggf. mit Rechnungen ausprobieren; mehrere Lösungen sind möglich

1: Rechne.

6 + **8** = ☐	6 + **9** = ☐	8 + **4** = ☐
☐ + ☐ + ☐ = ☐	☐ + ☐ + ☐ = ☐	☐ + ☐ + ☐ = ☐
7 + **4** = ☐	5 + **6** = ☐	4 + **9** = ☐
☐ + ☐ + ☐ = ☐	☐ + ☐ + ☐ = ☐	☐ + ☐ + ☐ = ☐

2: Rechne.

7 + 4 = ☐	8 + 4 = ☐	9 + 3 = ☐
7 + 5 = ☐	8 + 6 = ☐	9 + 5 = ☐
7 + 7 = ☐	8 + 7 = ☐	9 + 7 = ☐
7 + 9 = ☐	8 + 10 = ☐	9 + 10 = ☐
4 + 6 = ☐	3 + 8 = ☐	5 + 6 = ☐
4 + 8 = ☐	3 + 10 = ☐	5 + 8 = ☐
4 + 9 = ☐	3 + 12 = ☐	5 + 10 = ☐
4 + 11 = ☐	3 + 15 = ☐	5 + 14 = ☐

3: Finde passende Aufgaben.

☐ + ☐ = 14	☐ + ☐ = 17	☐ + ☐ = 11
☐ + ☐ = 14	☐ + ☐ = 17	☐ + ☐ = 11
☐ + ☐ = 14	☐ + ☐ = 17	☐ + ☐ = 11
☐ + ☐ = 16	☐ + ☐ = 19	☐ + ☐ = 13
☐ + ☐ = 16	☐ + ☐ = 19	☐ + ☐ = 13
☐ + ☐ = 16	☐ + ☐ = 19	☐ + ☐ = 13
☐ + ☐ = 15	☐ + ☐ = 18	☐ + ☐ = 25
☐ + ☐ = 15	☐ + ☐ = 18	☐ + ☐ = 25
☐ + ☐ = 15	☐ + ☐ = 18	☐ + ☐ = 25

3 Mehrere Lösungen sind möglich

1: Rechne.

7 + **5** = □
□ + □ + □ = □

8 + **3** = □
□ + □ + □ = □

8 + **8** = □
□ + □ + □ = □

9 + **7** = □
□ + □ + □ = □

7 + **8** = □
□ + □ + □ = □

9 + **5** = □
□ + □ + □ = □

2: Rechne.

9 + 8 = □	5 + 6 = □	7 + 7 = □
5 + 8 = □	4 + 6 = □	5 + 7 = □
7 + 8 = □	7 + 6 = □	4 + 7 = □
3 + 8 = □	9 + 6 = □	9 + 7 = □
4 + 5 = □	3 + 9 = □	8 + 4 = □
9 + 5 = □	6 + 9 = □	7 + 4 = □
8 + 5 = □	8 + 9 = □	9 + 4 = □
7 + 5 = □	9 + 9 = □	6 + 4 = □

3: Ergänze.

9 + □ + 1 = 17	□ + 6 + 2 = 16	3 + 8 + □ = 13
8 + □ + 2 = 16	□ + 4 + 3 = 14	□ + 6 + 4 = 12
7 + □ + 3 = 15	□ + 2 + 4 = 12	7 + 4 + □ = □

4: Finde drei Plusaufgaben, sodass jede Zahl genau einmal vorkommt.

11, 2, 10, ~~3~~, 13, 12, 8, 9, 4

3 + □ = □
□ + □ = □
□ + □ = □

3 Zum Teil sind mehrere Lösungen möglich
4 Mehrere Lösungen sind möglich

Kraft der 5

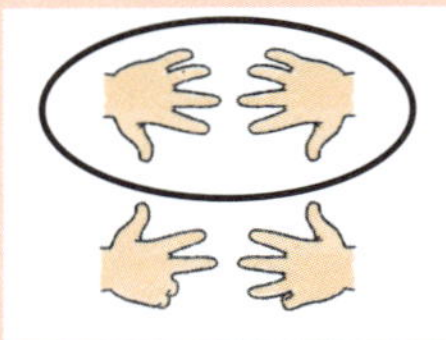

8 + 9 = 17
10 + 3 + 4 = 17

8 + 9 = ☐

Nähe zur 10

8 + 9 = 17

↑ 1 weniger

8 + **10** = 18

1 Rechne auf deinem Weg.

9 + 8 =

5 + 7 =

6 + 5 =

6 + 9 =

8 + 7 =

5 + 8 =

2 Rechne.

+	2	5	9
5			
10			
6			
7			
9			
8			

+	3	6	
8			16
	13		
7			
9			
6			
11			

+	4		10
5		12	
6			
7			
	14		
11			
12			

1 Mehrere Lösungswege sind möglich

1: Rechne.

5 + 6 =	6 + 7 =	7 + 8 =
☐ + ☐ = ☐	☐ + ☐ = ☐	☐ + ☐ = ☐

9 + 8 =	8 + 7 =	8 + 9 =
☐ + ☐ = ☐	☐ + ☐ = ☐	☐ + ☐ = ☐

2: Welcher Rechenweg hilft dir? Verbinde und rechne.

Aufgabe	Rechenweg	Aufgabe	Rechenweg
6 + 5 =	5 + 5	3 + 8 =	3 + 7
9 + 7 =	7 + 7	6 + 7 =	8 + 8
7 + 8 =	10 + 7	8 + 9 =	6 + 6
9 + 5 =	6 + 6	9 + 8 =	4 + 6
7 + 6 =	10 + 5	4 + 7 =	10 + 8

3: Wie löst du die Aufgabe? Verbinde und rechne.

9 + 5

9 + 1 + 4 =

10 + 5 – 1 =

10 + 4 + 0 =

Zur 10, dann weiter

Kraft der 5

Verdoppeln

Nähe zur 10

6 + 7

6 + 4 + 3 =

6 + 6 + 1 =

10 + 1 + 2 =

4: Finde Lösungen mit dem Zielstein 20.

20	20	20
☐ ☐	☐ ☐	☐ ☐
☐ 5 ☐	☐ 5 ☐	☐ 5 ☐

4 Mehrere Lösungen sind möglich

1 Rechne.

12 − **9** = ☐
☐ − ☐ − ☐ = ☐

14 − **5** = ☐
☐ − ☐ − ☐ = ☐

15 − **8** = ☐
☐ − ☐ − ☐ = ☐

13 − **7** = ☐
☐ − ☐ − ☐ = ☐

16 − **8** = ☐
☐ − ☐ − ☐ = ☐

12 − **7** = ☐
☐ − ☐ − ☐ = ☐

2 Rechne.

13 − 4 = ☐
13 − 6 = ☐
13 − 8 = ☐
13 − 5 = ☐

17 − 8 = ☐
17 − 10 = ☐
17 − 9 = ☐
17 − 7 = ☐

12 − 7 = ☐
12 − 6 = ☐
12 − 5 = ☐
12 − 4 = ☐

16 − 10 = ☐
16 − 8 = ☐
16 − 7 = ☐
16 − 9 = ☐

15 − 7 = ☐
15 − 5 = ☐
15 − 8 = ☐
15 − 6 = ☐

11 − 3 = ☐
11 − 4 = ☐
11 − 5 = ☐
11 − 6 = ☐

3 Finde passende Aufgaben.

☐ − ☐ = 8
☐ − ☐ = 8
☐ − ☐ = 8

☐ − ☐ = 9
☐ − ☐ = 9
☐ − ☐ = 9

☐ − ☐ = 6
☐ − ☐ = 6
☐ − ☐ = 6

☐ − ☐ = 7
☐ − ☐ = 7
☐ − ☐ = 7

☐ − ☐ = 5
☐ − ☐ = 5
☐ − ☐ = 5

☐ − ☐ = 4
☐ − ☐ = 4
☐ − ☐ = 4

☐ − ☐ = 3
☐ − ☐ = 3
☐ − ☐ = 3

☐ − ☐ = 10
☐ − ☐ = 10
☐ − ☐ = 10

☐ − ☐ = 2
☐ − ☐ = 2
☐ − ☐ = 2

3 Mehrere Lösungen sind möglich

1: Rechne.

13 − **9** = ___
___ − ___ − ___ = ___

14 − **8** = ___
___ − ___ − ___ = ___

11 − **7** = ___
___ − ___ − ___ = ___

14 − **9** = ___
___ − ___ − ___ = ___

15 − **9** = ___
___ − ___ − ___ = ___

18 − **9** = ___
___ − ___ − ___ = ___

2: Rechne.

12 − 8 = ___
11 − 6 = ___
15 − 6 = ___
14 − 9 = ___

11 − 3 = ___
14 − 8 = ___
12 − 9 = ___
11 − 4 = ___

17 − 8 = ___
13 − 5 = ___
14 − 5 = ___
12 − 4 = ___

16 − 10 = ___
19 − 10 = ___
13 − 10 = ___
20 − 10 = ___

15 − 2 = ___
16 − 5 = ___
17 − 3 = ___
19 − 6 = ___

16 − 11 = ___
18 − 14 = ___
15 − 15 = ___
13 − 12 = ___

3: Rechne.

11
___ 8
2 ___ 7

15
9 ___
8 ___ 5

13
7 ___
4 ___ 3

4: Rechne.

16
___ 8
7 1 ___
___ 0 ___ ___

20
9 ___
4 ___ ___
3 ___ ___ 2

___
7 5
___ ___ ___
4 ___ ___ 2

Zur 10, dann weiter

14 – **9** = 5
14 – **4 – 5** = 5

14 – 9 = ☐

Nähe zur 10

14 – 9 = 5
1 mehr ↑
14 – **10** = 4

1 Rechne auf deinem Weg.

16 – 9 =

13 – 5 =

14 – 7 =

12 – 9 =

11 – 6 =

17 – 9 =

2 Löse die Zahlenrätsel.

Ich denke mir eine Zahl und nehme 7 weg. Das Ergebnis ist 8.

gedachte Zahl: ☐

Ich denke mir eine Zahl und nehme 4 weg. Das Ergebnis ist 9.

gedachte Zahl: ☐

1 Mehrere Lösungswege sind möglich

1 Setze fort und rechne.

6 + 6 = ☐	15 − 5 = ☐	☐ − 7 = 7
☐ + 7 = 13	15 − ☐ = 9	☐ − 7 = 8
6 + ☐ = 14	☐ − 7 = 8	☐ − 8 = 8
☐ + ☐ = 15	☐ − ☐ = ☐	17 − ☐ = ☐

2 Rechne.

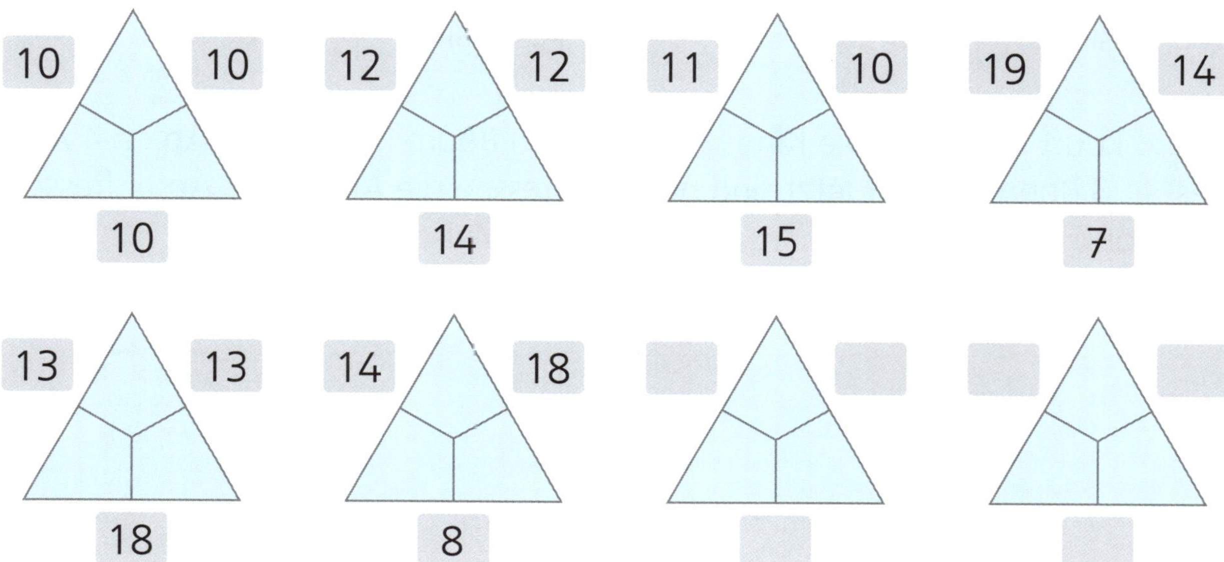

3 Setze + oder − ein. Rechne.

○		10
		7
18	13	
	15	

○		
6	12	
		14
2		12

○		10
	7	
12	6	
20		

○	15	
20		
	3	
16		7

4 Die Rechnung soll stimmen. Setze Ziffern ein.

● + ▲ = ■	● + ♥ = ▮	⬬ + ★ = ⬢
▲ − ● = ●	♥ + ♥ = ■	■ − ★ = ★
▲ + ▲ = 12	● + 5 = ■	■ + ■ = 16

2 Zum Teil sind mehrere Lösungen möglich
4 Mehrere Lösungen sind möglich

1: Male und rechne.

Im Zoo leben 8 Zebras. In der letzten Woche wurden 5 Junge geboren.

F: Wie viele Zebras sind es?

L:

R:

A: Es sind ___ Zebras.

15 Kinder gehen ins Schwimmbad. 7 davon sind Jungs.

F: Wie viele Mädchen sind es?

L:

R:

A: Es sind ___ Mädchen.

Mira kauft Bonbons. Die Kinder essen 8 Bonbons auf. Jetzt sind noch 12 Bonbons übrig.

F: Wie viele Bonbons waren es?

L:

R:

A: Es waren ___ Bonbons.

Am Baum hängen 15 Äpfel. 4 Äpfel fressen die Amseln. 2 Äpfel fressen die Meisen.

F: Wie viele Äpfel sind noch übrig?

L:

R:

A: Es sind noch ___ Äpfel übrig.

2: Erfinde eine eigene Rechengeschichte.

F:

L:

R:

A:

1, 2 Zu den Rechengeschichten passende Skizzen anfertigen; Rechnungen notieren; Antworten ergänzen

1. Male an und zähle.

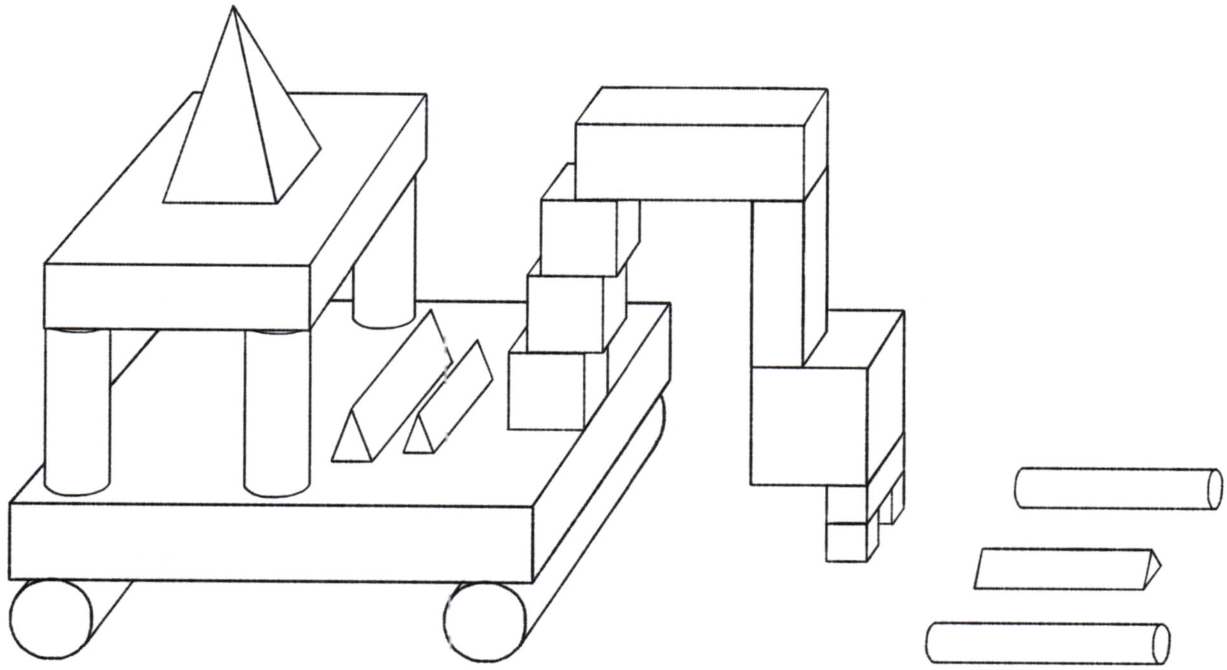

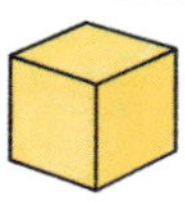	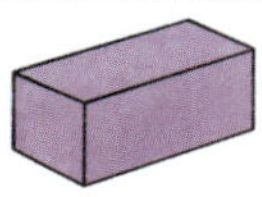			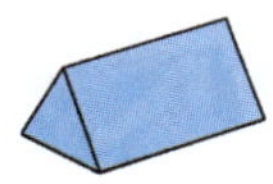	

2. Welcher Körper fehlt? Kreise ein.

1 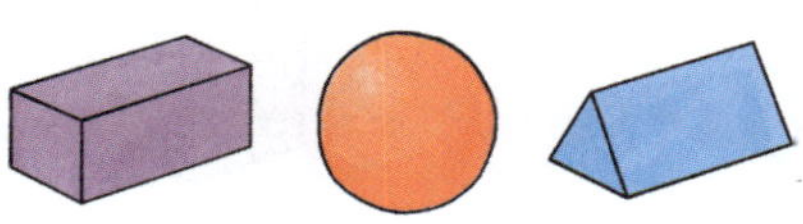

3 

2 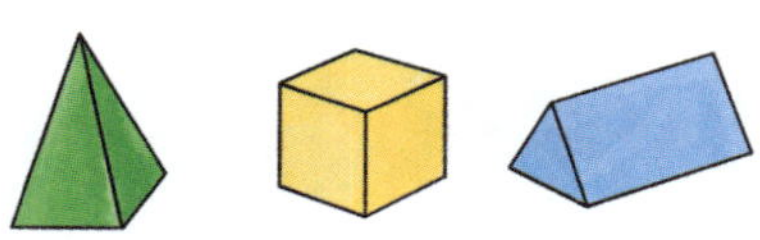

4 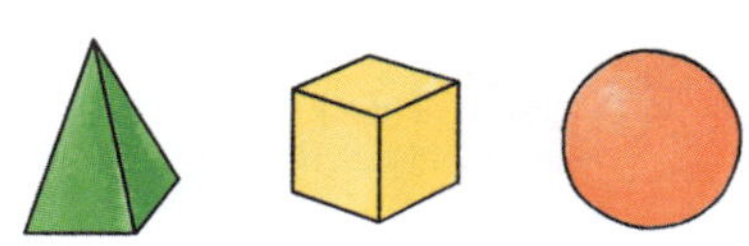

Körper untersuchen

1: Male alle Flächen richtig an.

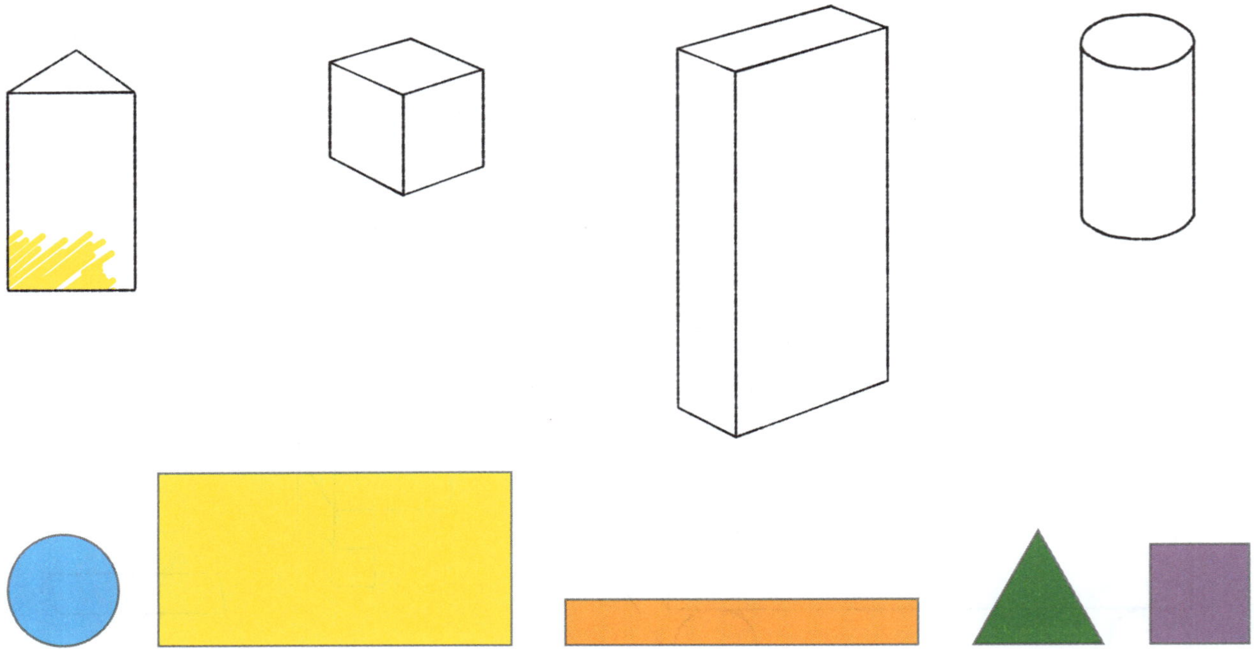

2: Verbinde die Körper mit den passenden Flächen.

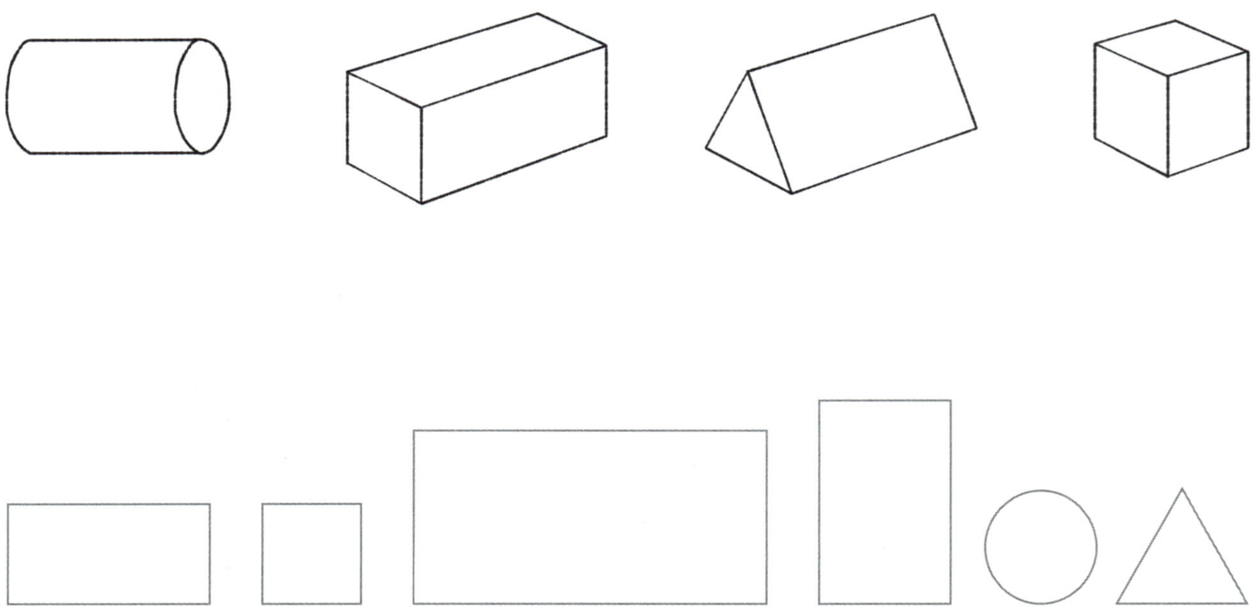

3: Finde heraus, wie viele Ecken der Körper hat. Trage ein.

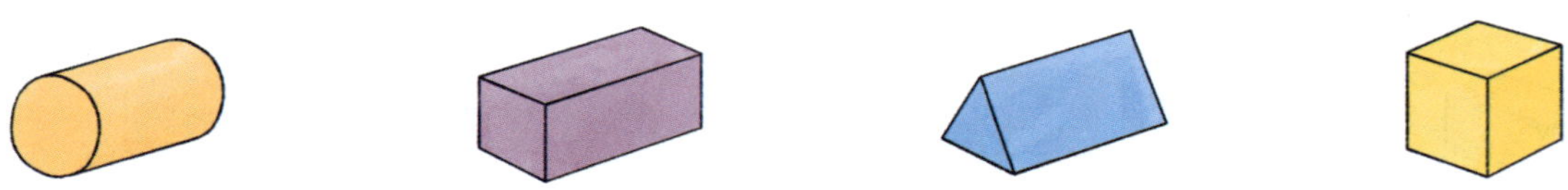

☐ Ecken ☐ Ecken ☐ Ecken ☐ Ecken

2 Mehrere Flächen können zu einem Körper passen

1. Wie viel kostet es? Lege, male und schreibe.

Es kostet ___ €.

Es kostet ___ €.

Es kostet ___ €.

2: Was kostet gleich viel? Suche und male.

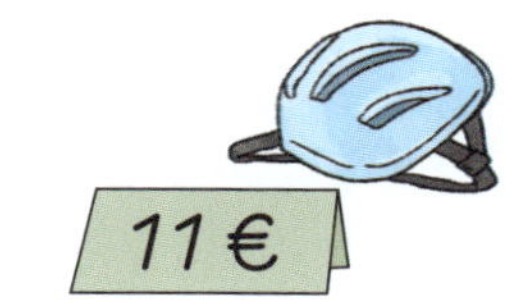

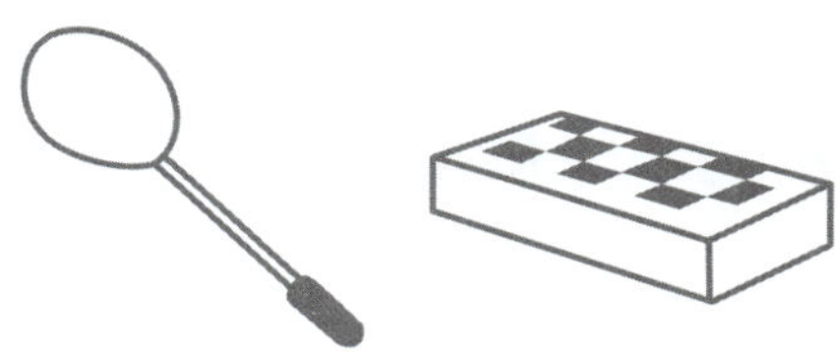

1 Beim Legen sind mehrere Lösungen möglich
2 Gegenstände auf der Seite suchen, die die gleiche Gesamtsumme ergeben; zum Teil sind mehrere Lösungen möglich

1 Wie viel Euro bleiben übrig? Rechne und schreibe.

Du hast 17 €. Du kaufst: 

___ € bleiben übrig.

Du hast 12 €. Du kaufst: 

___ € bleiben übrig.

Du hast 23 €. Du kaufst: 

___ € bleiben übrig.

Du hast 29 €. Du kaufst: 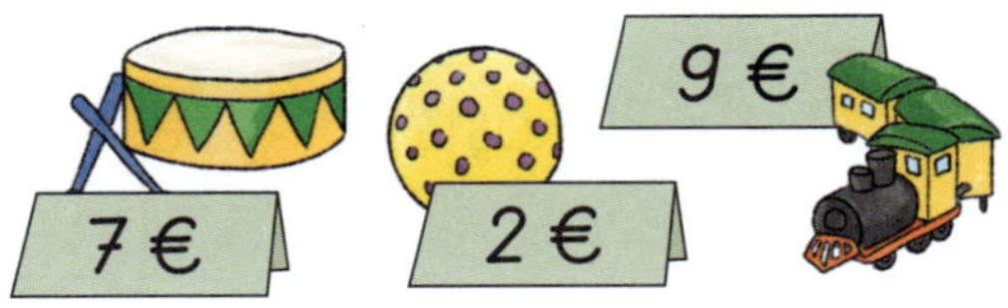

___ € bleiben übrig.

2 Emma hat 2 Gegenstände verkauft und 18 € bekommen.
Was hat sie verkauft? Rechne und schreibe.

R:

A: ______________________________

____

3 Emma hat 3 Gegenstände verkauft und 21 € bekommen.
Was hat sie verkauft? Rechne und schreibe.

R:

A: ______________________________

____

2, 3 Gegenstände auf der Seite suchen, deren Summe den angegebenen Betrag ergibt
3 Mehrere Lösungen sind möglich

1. Wie viel Euro bekommst du zurück? Rechne und trage ein.

R:

A: Ich bekomme ______ zurück.

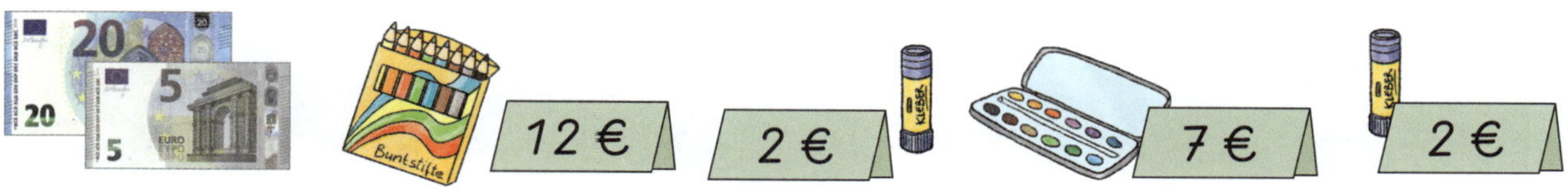

R:

A: ______________________________

R:

A: ______________________________

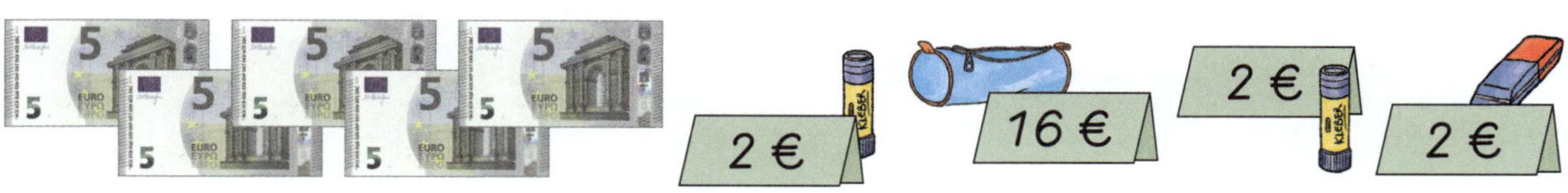

R:

A: ______________________________

zu Schülerbuchseiten 124, 125

1: Trage ein.

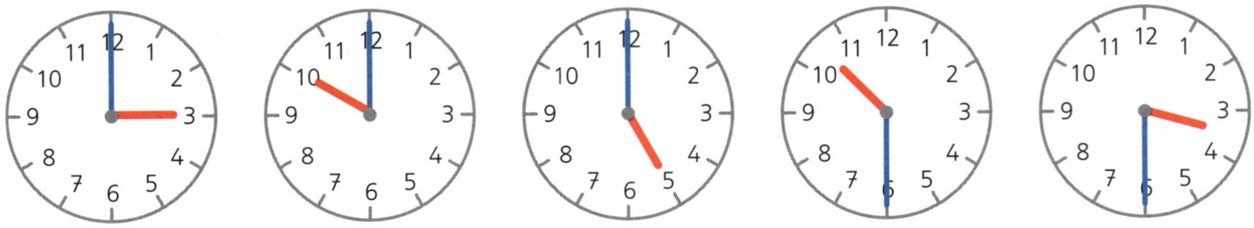

___ Uhr ___ Uhr ___ Uhr ___ Uhr ___ Uhr

___ Uhr ___ Uhr ___ Uhr ___ Uhr ___ Uhr

2: Male die Zeiger. Trage ein.

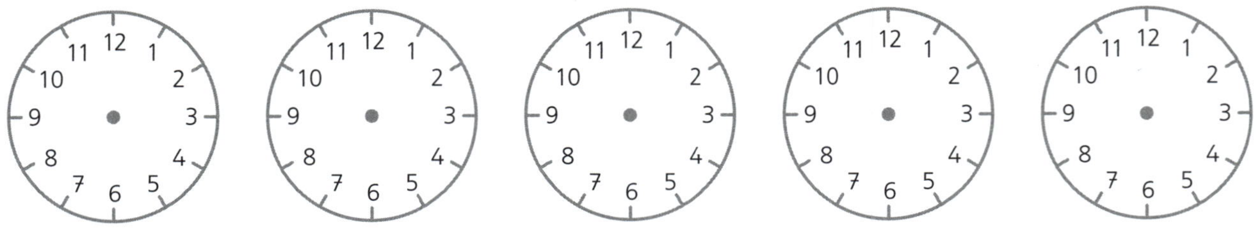

1 Uhr | ___ Uhr | 11 Uhr | ___ Uhr | 4:30 Uhr

___ Uhr | 19 Uhr | ___ Uhr | 21:30 Uhr | ___ Uhr

3: Wie viel Zeit ist vergangen?

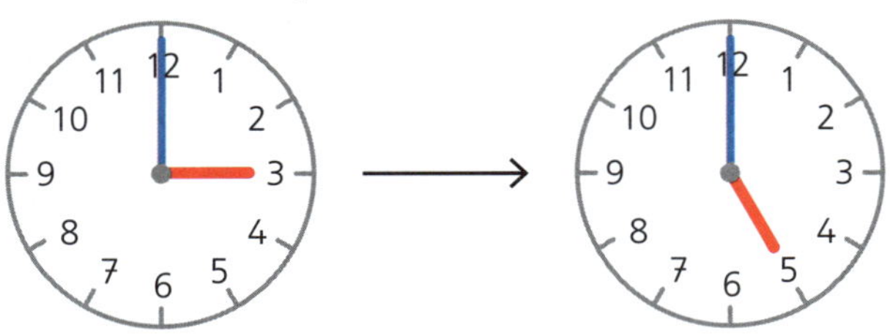

Es sind ___ Stunden vergangen.

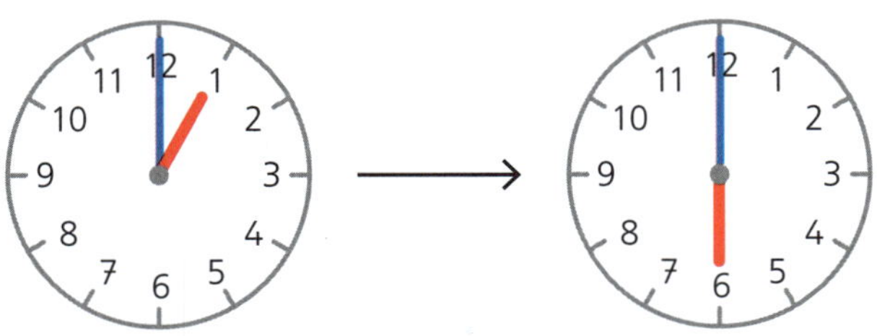

Es sind ______________________

____

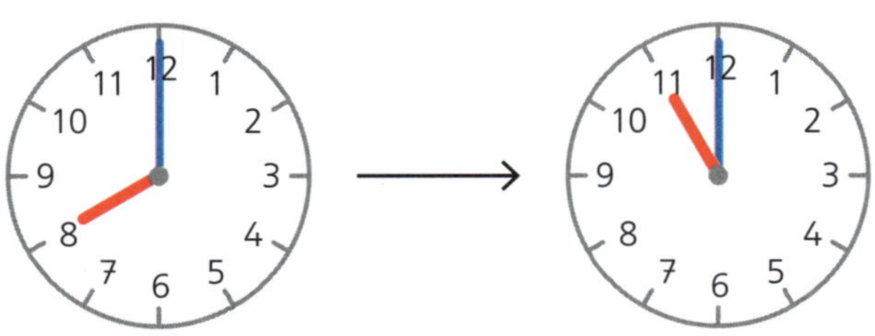

____

____

3 Mehrere Lösungen sind möglich